We Have Never Been Middle Class
How Social Mobility Misleads Us

# 我们从未中产过

## 社会流动性如何误导了我们


[以] 豪道斯·魏斯
Hadas Weiss

蔡一能 译



上海文艺出版社
Shanghai Literature & Art Publishing House

# 目录

# 致谢

## 中产阶级（一个爱情故事）*

* 标题对应了美国导演迈克尔·摩尔（Michael Moore）的纪录片《资本主义：一个爱情故事》（*Capitalism: A Love Story*）。本书前三章标题和书名分别致敬了一部经典的文学、电影与学术作品。——译者注

*vii*

作为一名人类学家，我一直把自己当成第一号报道人。本书阐述的想法部分来自我在成年生活中遭遇的挑战，但更多则源于对伴随我长大的那些价值观的怀念。很多证据指向了它们的消亡，但许多人依然保留着这些价值观的火种——他们为我的研究工作提供了便利和回馈。现在，我终于可以愉快地向他们的贡献致以谢意。

出于保密原因，我不能点名感谢参与田野调查的每一位研究对象。因此，我要向许多以色列人和德国人一并表达深深的感激。他们大方接受了我的采访，并且允许我观察他们的互动。没有他们的慷慨相助，我的研究就不可能展开。

我无比有幸地受训于芝加哥大学人类学系。在那里，我从接触的每一位教授身上都深受启发。简·科马洛夫（Jean Comaroff）、约翰·凯利（John Kelly）和莫伊舍·普殊同（Moishe Postone）指导了我的论文写作及其他工作。尤其是简，多年以来，她为我的学术生涯和内心平静提供了至关重要的支持。*viii* 本书即将付梓之际，莫伊舍曾向我道贺。令我心碎的是，他没有等到我寄出新书，便与世长辞了。约翰·科马洛夫（John Comaroff）和苏珊·加尔（Susan Gal）在一些关键时刻帮助了我，梅乐安（Anne Ch'ien）则让一切都变得更轻松。我同样要感谢朋友们，他们让芝加哥成了我远离故乡的另一个家。他们是：迈克尔·柏克德（Michael Bechtel）、瑞秋-施罗米特·布雷齐斯（Rachel-Shlomit Brezis）、迈克尔·杰贝（Michael Cepek）、杰森·道西（Jason Dawsey）、阿比盖尔·迪恩（Abigail Dean）、詹妮弗·道勒（Jennifer Dowler）、阿曼达·恩格勒特（Amanda Englert）、雅库布·希拉尔（Yaqub Hilal）、劳伦·基勒（Lauren Keeler）、塔尔·丽容（Tal Liron）、莎拉·卢娜（Sarah Luna）、伊莱恩·奥利芬特（Elayne Oliphant）、阿莱克斯·萨拉斯（Alexis Salas）、诺阿·怀斯曼（Noa Vaisman）、艾坦·维尔福（Eitan Wilf）、罗德尼·威尔逊（Rodney Wilson）和塔尔·伊法特（Tal Yifat）。

在法兰克福的歌德大学（Goethe University），汉斯·彼得·哈恩（Hans Peter Hahn）是位很棒的导师。我要感谢他以及那里的朋友：詹妮弗·贝格利（Jennifer Bagley）、维塔利·巴塔什（Vitali Bartash）、费德里科·布切拉蒂（Federico Buccellati）、戈达娜·希力克（Gordana

Ciric）、托比亚斯·海尔姆斯（Tobias Helms）、克里斯汀·卡斯特纳（Kristin Kastner）、哈利·麦德哈提尔（Harry Madhathil）、马里奥·施密特（Mario Schmidt）和瓦尔布加·宗布罗奇（Walburga Zumbroich）。在赫尔辛基大学高研院（Helsinki Collegium for Advanced Studies），我从图罗–基默·莱托宁（Turo-Kimmo Lehtonen）和朱尔·罗宾斯（Joel Robbins）身上学到了很多。我要感谢他们以及索林·高格（Sorin Gog）、莎拉·格林（Sarah Green）、希默·穆伊尔（Simo Muir）、纳蒂亚·纳瓦（Nadia Nava）、莎拉·帕兰德尔（Saara Pallander）、明娜·卢肯施坦因（Minna Ruckenstein）、菲利普·西科斯基（Filip Sikorsky）、何塞·费利佩·席尔瓦（José Filipe Silva）和安德拉斯·西盖蒂（Andras Szigeti），他们让我在赫尔辛基的冬天不再是阳光稀缺的永夜。在布达佩斯的中欧大学高研院（Central European University's Institute for Advanced Study），艾娃·佛多（Eva Fodor）是位完美的院长。我要感谢她以及杜安·科皮斯（Duane Corpis）、托马斯·帕斯特（Thomas Paster）、克莱格·罗伯茨（Craig Roberts）、詹姆斯·鲁斯福德（James Rutherford）、凯·沙夫特（Kai Schafft）和 朱利安·维尔林（Julianne Werlin），他们最早对我的一些想法表达了强烈的兴趣，正是这些想

法最终形成了本书。在哈雷的马克斯·普朗克社会人类学研究所（Max Planck Institute for Social Anthropology），克里斯·哈恩（Chris Hann）和唐·卡尔布（Don Kalb）让我有机会坐下来写这本书，并在一路上给予了鼓励。我要感谢他们和其他同事使我能够享受工作。他们是：萨斯基亚·亚伯拉罕斯－卡文年科（Saskia Abrahms-Kavunenko）、特里斯坦·巴雷特（Tristam Barrett）、夏洛特·布鲁克曼（Charlotte Bruckermann）、娜塔莉亚·布依尔（Natalia Buier）、迪米特拉·科夫迪（Dimitra Kofti）、马雷克·米库什（Marek Mikuš）、西尔维娅·特佩（Sylvia Terpe）和萨缪尔·威廉姆斯（Samuel Williams）。

ix

感谢莫兰·阿哈罗尼（Moran Aharoni）、诺拉·戈特利布（Nora Gottlieb）、阿加特·莫拉（Agathe Mora）和乔恩·舒伯特（Jon Schubert），让我在莱比锡度过了一段愉快的时光。拜盖伊·吉拉德（Guy Gilad）、安德烈亚斯·马科夫斯基（Andreas Markowsky）、卡塔日娜·普宗（Katarzyna Puzon）、安德烈·蒂曼（André Thiemann）、阿丽娜·怀斯菲尔德（Alina Vaisfeld）、罗伯塔·扎沃雷蒂（Roberta Zavoretti）和加布里埃尔·齐夫（Gabriele Zipf）所赐，柏林的生活更多是关于玩，而不是工作。学术上的游牧状态让我与伊万·阿舍尔（Ivan Ascher）、保罗·丹尼尔（Paul Daniel）、罗特姆·杰娃（Rotem Geva）、艾胡德·哈尔佩林（Ehud Halperin）、马坦·卡明尔（Matan Kaminer）、帕特里克·内维灵（Patrick Neveling）、迪米特里斯·索蒂罗普洛斯（Dimitris Sotiropoulos）和克里斯蒂安·斯特格尔（Christian Stegle）建立了珍贵的友谊。回到以色列，我的老友尼拉·本–阿里兹（Nira Ben-Aliz）、齐皮·伯曼（Tzipi Berman）、查哈拉·沙梅特（Tsahala Samet）和尼卡·扎弗里尔（Nitsa Zafrir）提醒了我何为重要之事。我打心底感谢他们。

伊万·阿舍尔、乔什·贝尔森（Josh Berson）、夏洛特·布鲁克曼、马特乌斯·哈拉瓦（Mateusz Halawa）、约夫·哈尔佩林（Yoav Halperin）、雅库布·希拉尔、马雷克·米库什、埃克哈特·斯塔摩尔（Eckehart Stamer）和莫迪凯·魏斯（Mordechai Weiss）阅读了本书的部分或全部手稿，并且给出了非常好的建议。出版商 Verso 方面，塞巴斯蒂安·布德根（Sebastian Budgen）和理查德·赛默（Richard Seymour）提供了同样的帮助。我要感谢他们，尤其是阿曼达·恩格勒特，她始终是我最聪明也最细心的读者。

本书的部分内容改写自先前发表的研究成果，我要向刊登它们的期刊致以谢意。这些文章是：《以色列的房屋所有权：中产阶级债务的社会成本》（“Homeownership in Israel: The Social Costs of Middle-Class Debt," *Cultural Anthropology* 2014, vol. 29[1]: 128–49）;《资本主义规范性：价值与价值观》（"Capitalist Normativity: Value and Values," *Anthropological Theory* 2015, vol. 15[2]: 239–53）;《家庭财产价值的争夺》（"Contesting the Value of Household Property," *Dialectical Anthropology* 2016, vol. 40[3]: 287–303）;《长寿风险：一份有关金融资本主义平庸性的报告》（"Longevity Risk: A Report on the Banality of Finance Capitalism," *Critical Historical Studies* 2018, vol. 5[1]: 103–9）和《生命周期规划与责任：德国地区此问题的展望与回顾》（"Lifecycle Planning and Responsibility: Prospection and Retrospection in Germany," *Ethnos* 2019）。

我的哥哥塔尔·魏斯（Tal Weiss）和妹妹利拉克·魏斯（Lilach Weiss）一直鼓舞着我。我的侄子和侄女沙卡尔（Shachar）、阿维夫（Aviv）、于瓦尔（Yuval）、托默（Tomer）、迈克尔（Michael）、雅拉（Yaara）和阿维盖尔（Avigail）为生活增添了甜蜜与喜悦。而如果没有我的母亲瑞秋·魏斯（Rachel Weiss）和父亲莫迪凯·魏斯无条件的爱与不变的支持，这本书以及我取得的一切成就都无从说起。言语无法表达我是多么深切地爱着、感激着我所拥有的美好家庭。

# 导论



## 我们从未中产过

中产阶级并不存在。每当我们谈论它时，大部分讨论都自相矛盾。我们担心它在衰落或是萎缩——仅仅和十年前相比，今天自认为中产阶级的人已有所减少，照这样的势头，那些勉强够得着中产阶级的人很快也会跌落下去。但与此同时，我们又受到新闻标题的鼓动，照它们的意思，只要放眼全球，就会发现中产阶级其实处于上升趋势，在印度、巴西和南非这类地方，对幸福志在必得的人们正使中产阶级的队伍日趋壮大。这里埋伏着一个古老的语言陷阱：当我们追问中产阶级的数量时，我们同时也确认了这一观念，即中产阶级就摆在那里，人们或是跻身其中，或是跌落其外。

事情并非如此。想要看清这一点，不妨看看近些年来试图找寻中产阶级的各项研究。翻阅政策与咨询公司、智库、发展机构、营销公司、政府机关和央行发布的研究与分析，你会发现，中产阶级的标准有多少，研究结果就有多少。统计学家身负重担，要找到普遍适用的测量尺度。

2

富裕国家的人们享有的居住、工作与消费水平，是全球大部分人口梦寐以求的——包括那些最可能被当作全球新中产阶级的人。有哪种分类能把这些人同时包括在内呢？

分类方式倒是不少。其中之一是职业：所有技术型的专业人员、经理和专家，或是所有从事非体力劳动的人，都算得上中产阶级。乍听之下合乎直觉，直到你想起众多学非所用、苦苦挣扎着的白领职员，或是相反，想起那些一听就不符合以上职业标准却报酬丰厚的非专业人员。另一种流行的中产阶级标准是对贫穷的相对免疫：根据这种定义，中产阶级享有足够的资源，来保护自己免于朝不保夕的饥饿或是匮乏。然而同样，我们都听过那种明明是中产阶级，却因个人、国家或是全球市场危机，而在一夜间从富裕沦为赤贫的恐怖故事。有些分析师着眼于可支配收入的比例，将收入超过其家庭日常所需，因而可以购买非必需品的收入者视为中产阶级。这种定义具有误导性，它假定了收入是稳定的，可以量入为出，但在现实世界中，家庭的收入与开支是高度不规律的。另一些分析师则用绝对收入水平（absolute income levels）来定义中产阶级。摆在他们面前的问题是相似的，即便是根据国家物价指数作调整也无可避免。金钱的相对价值是一回事，人们能用它买什么则是另一回事，影响因素包括当地的物质资料条件

3

与社会基础设施建设，以及需要人们面对的政治气候。来自不同国家的人们可以拥有相近的收入水平，但他们的生活标准差异是如此巨大，很难把他们设想为同一群体。还有一些人将中产阶级定义为中等收入者（middle income）：所谓中产阶级，就是指收入在其国家处于中间水平的人。这种定义排除了跨国对比的可能性，同时，一国之内所谓中等与略低收入之间的差距之小，很难令人信服地将这两者区分开来。最有趣的一种标准来自精明的量化分析师，他们称其为主观标准：让人们自己开口就行了。这种方法总会让分析师栽跟头，因为一般说来，自认为是中产阶级的人要比其他任何标准下属于中产阶级的人多得多。全世界都是如此，无论是高于或低于特定中产标准的人，都会自我定位为中产阶级。[1]

4

如果说分析师对中产阶级的定义不一，那么公共部门与商界的代表则没有这样的疑虑。这些权威人士展现了广泛的共识，认定中产阶级确实是个好东西，不约而同地哀叹它的萎缩，或是庆祝它的增长。就政客而言，无论是左是右，是保守人士还是自由主义者，都青睐所谓的中产阶级，声称他们提倡的政策代表了中产阶级的利益。智库和咨询公司帮助政客，吸引自认为是或有志于成为中产阶级的人们。当他们提出扩大中产阶级的策略时，营销人员则在为企业高管出谋划策，以迎合中产幻想。再加上专业文献和新闻报道的影响，各方面都将中产阶级和种种社会、经济上的欲求之物联系在了一起。特别是，他们把安全、消费主义、企业家精神和民主挑选出来，当作中产阶级生活的支柱。在他们的描绘中，这些特性是相互关联的，每一项都自然连接到另一项，共同构成经济发展、现代化和集体福祉的良性循环。[2]

5 然而，对于被假定为全球中产阶级一分子的人们，一些社会科学家费心研究他们的生活，继而对以上特性提出了严重怀疑。据社会科学家所述，将这些人群团结起来的并不是繁荣，而是挥之不去的不安全感、负债资产和强制过劳。他们倾向于储蓄多余的现金，或是投资房产、保险，而不是将可支配收入用于消费品。只要有机会，他们就更喜欢拿固定的薪水，而不是冒着风险寻求当企业家的利润。如果有人追求后者，那更多是由于缺少稳定就业而被迫做出的调整。社会科学家们强调，这部分人群在政治上采取实用主义，支持能保护他们利益的政党与政策，而非全盘支持民主——只要看看拉丁美洲最近的历史，就不难发现这一点。[3]

6 这意味着，“中产阶级”是个非常模糊的范畴，不仅边界不清，就连它是不是正面的范畴也还存疑。然而，这种模糊性并未阻碍它的广泛流通。这一概念风行各国，不仅体现为政治与经济领袖关于中产阶级利益、品质与抱负的断言，更体现为全世界各行各业的人们对中产阶级身份的渴求。现在，当人类学家遇到这样一个备受推崇却定义不明的范畴，当她看到政客、发展机构、企业实体（Corporate actors）和营销专家都在积极运用这一范畴概念，她很可能会想到一件事：意识形态。

我在以色列和德国研究了与中产阶级普遍关联的诸多议题，不时也会观察全球范围内的类似案例。观察中，我发现这种意识形态无处不在。这促使我更直接地去质询：我所观察的人们的身份是如何被确定的？我问自己，如果中产阶级事实上是一种意识形态，它意味着什么？它服务于何种目的？它如何产生，又因何而如此不可抗拒？我用这本书来回答这些问题，同时探寻这些问题的潜在含义。

尤为特别地，我在书中的论点是讲给一群身涉其中的读者，原因如下。今时今日，“我们”（we）这一代词疑点重重，且总是引出一个针锋相对的“非我”（not-me）。各式各样的政客、商人、牧师和活动家为了他们宣称的共同目标，任意祭出“我们”，来集结不同群体。在和“非我”的对峙中，人们会更自发地说出“我们”，这些“非我”可以是与 99% 的“我们”相对立的 1% 的权贵，也可以是一群被认为威胁着我们的身份、我们的所有之物的反众（counterpublic）。但我在此想讨论的是另一种涵括，它既非出于策略性目的、亦非出于对假想敌的抗争而强加于人的概念或是集体性的称呼。相反，它是一个低调的、自我满足的“我们”，它强调的是我们的一种自负。

8

社会学家布鲁诺·拉图尔（Bruno Latour）写过《我们从未现代过》（*We Have Never Been Modern*）一书，来反击这样一种自负：我们视自身为现代的，或非原始的。这种看法体现于对客观性的兜售，其基础是人性与非人性、社会世界与自然世界的分离。拉图尔声称，这种分离从未真正发生，并且提出全球变暖、数据库和生物科技这些混合型概念挑战了“存在过这种分离”的信念。他认为，这一重要的假定实际上是一种西方科学与工业的建构。继而，他描述了显然不存在这种分离的史前与未来状态，从而将这一假定相对化。

感谢拉图尔开拓性的工作，我从未怀疑自己能否提出相似的论证以反对中产阶级这一概念中的自负。我不认同这一范畴，是因为它暗示了许多我们其实并不享有的权力。我视其为意识形态，是因为它调用这些权力并不是为了我们自身的目的，也不会带来有利于我们的结果。然而，向一群置身其中的读者强调这些观点，对我来说确非易事。如果说人类学家讨厌什么事，那就是普遍化（universalizing）：太轻易地假定此刻我关于自己的想象适用于当下或过去的所有人，无论它是源于天赋、神意还是某种固有本能的展现。人类学家的传统研究对象不是“我们”，而是“他们”——这些对象有其独特的行事方式，他们作为他者的特质难以被不假思索地归纳。因此，对人类学家来说，一本为我们写作、以我们为主题的书是反直觉的。

9

但我特意采取了这一选择，因为人类学的领域刚好包括这样一件事，那就是批判。人类学对所有遥远、异国事物的着迷很少呈现为《国家地理》（*National Geographic*）杂志里那种中立、科学和客观的凝视。相反，它常常是一种工具，帮助人类学家有意义地干预在世人眼中放之四海而皆准的区隔与归因；这些随处可见、司空见惯的假设包括种族和族群区隔的本质与真实性，性别角色和性取向的因与果，童年、青春期、成人期和老年的界限与特质，信仰、仪式、情感和科学推理的社会作用，吃饭、工作、休闲和睡眠的模式与功能，健康和病态的定义与重要性，组成家庭、宗族和民族国家的人际关系……这张清单可以继续列下去。

这里的逻辑大概是：比如说，如果在有些地方，人们的行为方式不是以自我为中心或是自利的，那么在大多数人类学家生活和发表其研究发现的发达资本主义经济体中，人们的自利行为就必然发端于人类本性之外的某种条件。再举个例子，如果某地的人们借助更为平等主义或集体管理的组织进行货物与服务的生产和分配，成功满足了他们的需求和欲望，那么我们自身所处的经济与政治体制也就可以想象另一种可能。

随着人类学传统地带的收缩，批判工作面临的挑战更趋复杂。曾经的世界边缘不再遥远，曾经被当作异国和异域风情的那些社会也早已卷入市场和媒体的全球网络之中。持批判性思维的人类学家发现自己陷入了僵局：一方面，他们被鞭策着去推翻过于草率的假设，驳斥自以为是的归纳总结，以及挑战根深蒂固的支配结构；另一方面，他们正和自己研究的人群一样，陷于一张复杂而包罗万象的社会与经济网络，这张网络施加的竞争压力，它所引发的对自身利益的关切，乃至它对每个人的工作、消费和情感关系的惩罚与激励，几乎无所不在。这迫使人类学家寻找一个立足点，来批判那些像影响研究对象一样影响着他们自身的力量。

成功完成了这一任务的人类学家大多都曾聚焦于全球边缘地区的人口。这些群体既承受着全球资本主义的压迫，又过着一定程度上有别于这一体系的生活。然而如今，连这些人口也已完全卷入货币与商品的全球生产与流通，受到为促进这种流通而建立和更新的制度所规管。这些制度包括民族国家、核心家庭、自由市场、信用与债、私有财产、人力资本、投资与保险。每项制度都有其原理，并且由于每项制度与我们在这世界上创造的其他所有制度都不可避免地相互交织，这些原理看起来是如此基础，很难将他们设想为人们在某个特定时间点、为了应对或利用所处环境而发展、调整形成的。凡是资本主义生根之处，都能看到这些制度的身影。他们形塑了人们理解自我的方式，无论其身份是雇员、投资者、债务人、公民、家庭成员、产权人，或是某个社会阶级的一员。因此，“我们”一词所蕴含的普遍化倾向并非无稽或自作主张，而是资本主义本身的普遍存在带来的副产品。

11

资本主义的普遍化在中产阶级这一范畴上体现得最为显著，因为这一范畴广泛且具有彻底的包容性：它呈现了这样一种个体形象，其中，每个人都是金钱、时间和精力的自主的投资者——即便当下不是，也具有成为这种自主投资者的潜力与志向。它将社会想象为众多相互作用的个体的融合体，这些个体情愿付出超过当下所得报酬的努力，承担超过必需范围的债务，并且抓住一切机会缩减开支，从而为自己和家人的未来建立储备。因此，除了一些人或许仍在克服种种社会与地理障碍，以获取他们所缺少的上述投资的工具，其他所有人的财富都被视为个人投资的成果。

“人人皆可中产”这种扩张性的、日益全球化的中产阶级形象，抛弃了“工人 vs. 资本家”这类区分型范畴（divisive categories），除非说它暗示了每个人实际上都是志在必得的准资本家。它也软化了性别、族群、种族、民族 / 国家（nationality）和宗教等潜在的区分型范畴的棱角，因为中产阶级的结盟与竞争被设计为穿透乃至超越上述区分所设定的边界，促使人们根据私人利益重新定义自身在社会中的位置。就某些方面来说，它倒也拥抱多样性，它认可了不同形式的区隔，并通过越发普及的、形形色色的消费品促进了各种身份认同繁荣生长。[4] 与此同时，由于鼓励竞争性的消费、生活方式和投资，来彰显相较于他者的优势、避免相较于他者的劣势，它又加剧了不平等。

12

中产阶级性（middle classness）暗示了我们对自己的财产负责，需要竭尽所能去工作，同时在削减开支的过程中放弃一些眼下的享乐（以及在借钱购买耐用品时牺牲少许心灵的安宁），从而在未来收获对这些损失的回报。它还暗示，我们的不幸都源于未能对自己所拥有的时间、精力和资源善加利用；社会只不过是一大群个体，他们在各自的自利投资中相互牵连，有时是同盟，有时是竞争者；社会的种种制度则是行动中的投资者们各自或加总起来的权力与偏好的现实化身（realization）。



如果我们认同这些理念，或者更常见的，如果我们在行为与情感上不加反省地表达出这些理念，那是因为，他们正内置于我们生活的节律之中，内置于我们所使用的工具和赖以开展活动的制度之中。这有时也是因为，当投资较多的人相对于投资较少的人取得优势时（比如房东相对于租客），那些暂时、相对的回报确实支持了上述理念。但是，如果我们持有某种怀疑，当我们所用之物、我们赖以营生的制度不再那么行之有效，当以投资驱动的自主活动所暗许的回报不再可期，我们就会从对那些理念的麻木中觉醒。哲学家 G. W. F. 黑格尔（G. W. F. Hegel）的名句是："密涅瓦的猫头鹰要等黄昏到来，才会起飞。"他的意思是，我们对事物的理解总是落后于现实的发生。而就我们讨论的主题而言，批判的钟声要等到中产阶级理想的日暮之际、等到人们众口一词地悲叹其衰落时才会敲响。我将在这本书中揭示，这一时机与近几十年来全球金融日益强大的支配力有千丝万缕的关系。金融的支配力将中产阶级身份认同出口到新近自由化的经济体；同时，在那些长期以来被认为以中产阶级为主流人口的国家，它又压榨了家庭拥有的资源。

虽然本书所要处理的对象是一个内容广泛的“我们”，我希望人们不会据此认为我对人群之间的现实差异一无所知或是视而不见。我了解并深知，许多人生活在迥异的条件之下，许多人无力掌控资源，也缺乏通过投资而过得更好（或更坏）的潜力，许多人不符合本书所基于的任何前提。事实上，这种处理方式源于我认真对待种种结构性力量的决心，正是这些结构性力量生产、普及了一种正在渗透和扩张的中产阶级的形象，并赋予其合理的表象。我的目的是为该形象所适用的人群拆穿这种合理性，其中就包括本书的潜在读者。我设想，你和我一样，都至少是由教育上的投资所塑造的——你投入了时间和金钱来学习更多知识，并且暗自相信这些努力的长期意义。在和进行此类投资的读者直接对话时，我希望引入我们共有的另一样东西：对已习得的智慧的反思倾向。

尽管我们已经并将继续为自己的未来谨慎投资，我们中的更多人还是生活无着，艰难度日，这让关于中产阶级的诸多应许显得不再可信。是时候像许多先知先觉者那样开始怀疑它了。但怀疑者存在不同形式。一些怀疑者的反应是对以下事实抱有乐观，即通过全球金融市场和金融工具的大众化参与，我们已经可以挣脱中产阶级自我节制的束缚，超越对审慎消费、逐层累积财产和教育方能达致的安全与小步渐进的期望，转而买上一本《你也有份》（*A Piece of the Action*）。[5]

理财读物鼓励我们尝试冒险，这些书里取得最惊人成功的是罗伯特·清崎（Robert Kiyosaki）于世纪之交出版的畅销书《穷爸爸富爸爸》（*Rich Dad Poor Dad: What the Rich Teach Their Kids about Money—That the Poor and Middle Class Do Not!*）。清崎对比了两个爸爸给他的建议。一个爸爸是大学教授，把房子当成自己最大的资产，总是为工资增长、退休金计划、医疗福利、病假、休假天数和其他补贴而焦虑。他喜欢大学教职终身制，喜欢该制度下“工作稳定”的承诺。他希望自己的儿子努力学习，这样他就能给儿子找份好公司的差事。但他终其一生都财务拮据，死后还留下了没付完的账单。第二个爸爸是一位企业家，勉强读完了八年级，最终却成为夏威夷首富。清崎将遵循那位中产阶级爸爸的建议的人比作任人挤奶的奶牛。富爸爸的建议则是去了解钱到底是怎么一回事，运用洞察力频繁地买进和卖出资产，永远做最先嗅到发财机会的人。富爸爸是清崎未曾明言的偶像，他的声音贯穿于整本书中，试图打破读者习以为常的中产阶级式低调缄默，鞭策他们追逐风险与财富。

这类读物面向的显然不是心怀批判的“我们”，而是富有雄心壮志的“我”。后者看破了中产阶级意识形态的失败，想要超越那些将会继续生产所有必需品、提供所有必要服务的芸芸众生。与此形成鲜明对比的是晚近涌现的另一批著作，其作者和读者不太关心如何从制度中获利，而更在意制度为什么会失败，以及如何修复它。这些文本分析了中产阶级的收缩，特别是（但绝不仅限于）其在美国语境中的表现，并将其归咎于实际工资增长的停滞、公 16 共支持的缩减、自动化、卫生与教育开支的膨胀、投机性金融活动与企业利益不受节制的权力、对金融危机的低承受力、不公平的税费负担，等等。[6] 虽然他们对书中困扰中产阶级的种种处境持批判立场，但对于那些据称是由一般个体组成、并主宰其个体生活的制度，他们鲜少质疑其逻辑。相反，他们将这些制度关于安全与繁荣之承诺的落空归于外部因素。他们提出的改革，是为了让中产阶级在财产、保险和教育上的常规投资取得一如既往的回报。

相较于纯概念式的理论家，人类学家有一项重要的优势：立足于对人类经验的构成因素及其运作方式的广博理 17 解，民族志研究使我们有可能洞悉看似分离的各项制度之间的关联。这些制度主要包括政治、法律和经济上的，也包括文化、生活方式和信仰相关的。这对我们正在探讨的话题显得尤为重要，因为召唤出“中产阶级”的那种意识形态正是在经济、政治和文化的断层线上显现出来的。人类学家通常以复数形式谈论“中产阶级”，来标记被归入该范畴的成员的异质性。他们利用对诸多国家与背景中的人口所作的长期田野调查，描述了人们的社会关系与主观经验，并通过这种描述揭示了人们所受到的约束。他们尤为关注人们工作、消费和政治行动的模式，继而勾勒这些模式如何与全国乃至全球市场中涌现的压力和机遇相交织。[7]

18

我深深受惠于他们的洞见，也将其吸收到自己的分析之中。然而，我是从另一种角度来处理中产阶级问题的，那就是内在批判（immanent critique）。学者们会使用内在批判以达成不同效果，他们假定，只要我们置身于正在探究的范畴或制度之中，就不可能从外部对其予以批判；相反，我们可以从内部挖掘其固有的张力与矛盾，从而更充分地理解它。要做到这一点，我们先策略性地接受我们意图研究的事物表象，再观察它在现实世界或是人们生活中的运行方式，从而找到使其逻辑站不住脚的地方。人类学之所以带有强烈的内在批判倾向，是由于该领域标志性的民族志田野调查方法论。这种方法先诱探出用以定义和描述事物的一般方式，再通过访谈数据和观察人们在不同时间、在相关制度中特定背景下的行动，对这些方式进行19精确描绘。这种方法几乎总能凸显出，在官方和意识形态化的制度逻辑——人们在其框架内的行动以及行动结果——之中，存在诸多龃龉。

只要一切范畴与制度都是在特定时间、为达成特定人群的特定目标而设计出来的，上述龃龉就不可避免。即便最成功的范畴与制度把普遍性（universality）与常识的表象当成中性的、不成问题的，仿佛其背后既没有目的也没有缘起，也依然无法彻底抹去那些龃龉。这种对历史之偶然现象的事物化（thing-ification，学界有时称之为本质化[essentialization]或物化[reification]）正是一种意识形态所寻求的最强大力量，能够将其呈现为一个无可争辩的事实。但这种观念的根基是完全立不住的。在这个世界上，群聚着彼此相异的、复杂的、善于沉思的人类，没有哪种特定目的能够如此坚实地扎根于每个人的思想与实践，以至于真能如人所假定的那样客观；因此，那些龃龉和矛盾终将被发掘与解构。

我在本书中采取如下的研究进路：在第一章中，从中产阶级与资本主义的关系出发，我探询了中产阶级这一范畴；接着，我在第二章中探究了中产阶级与私有财产等制度的关系，在第三章中探究了中产阶级与人力资本的关系，以揭示此议题的前提与预示。在第四章中，我描绘了通常与中产阶级联系在一起的政治与价值观的特征。在结论部分，我将这些论点结合在一起，并推进了其他一些讨论线索。整个探究过程所借用的案例，来自我在以色列和德国、学者们在世界各地开展的民族志研究。他们启示了我在此总结的种种发现。然而，我还是将本书的主要部分用于概念化地展开我的讨论，而在民族志研究数据上精简笔墨，并且只将其用作说明的工具。关于被视为全球中产阶级的人们的生活与经验，现有的研究文献已经汗牛充栋，并将继续增加。我在脚注里列出了其中的部分精华，以便于有兴趣进一步了解这一群体的读者可以依真正的中产阶级精神，进行在他们看来必要的投资。 *20*

# 第1章

# 当我们谈论中产阶级时我们在谈论什么

当我们谈论中产阶级时，我们在谈论什么？这个术语的关键部分不在于“阶级”，而在于“中产”。它所引出的是一条逐级展开的光谱，人们在光谱的首尾之间来回移动。中产阶级的“居中”暗示了空间的存在：在社会和经济的意义上，我们相对于地位更低或更高的人群而移动，时而离这群人更近一寸，时而又向另一群人更近一分。它也隐含了时间中的运动，让我们意识到，我们会在自己的生命周期内上升或是下降。家族内连续数代的成员也会做相同的事，进一步驱动、延续或是改变我们上升或下降的轨道。我们持续不息的运动显示了不稳定性。中产阶级有时被形容为一个雄心勃勃的群体，被触手可及的成功所牵引；有时又被形容为一个缺乏安全感的群体，时时陷入对坠落的恐惧。用社会批评家芭芭拉·艾伦瑞克（Barbara Ehrenreich）[1] 的话说，中产阶级是转瞬即逝的，需要持续不断的努力才能彰显和维持其社会地位。 *21*

和我们谈论中产阶级时强调的“中产”相比，“阶级” *22*

一词却被弱化了。事实上，“阶级”被消音的程度之深，已使一些理论家注意到，说起“中产阶级”几乎就像是在说“没有阶级”。[2] 他们指出，中产阶级性既未唤起一种根深蒂固的身份认同（只需将其与种族、宗教、民族/国家、性别或性取向做个对比），亦未唤起对于同一族类在情感上的忠诚——即便人们承认这一群体的存在。造成这种现象的一个原因是，不同于奴隶与主人、农奴与地主或是更典型的工人与资本家这些对立范畴，中产阶级并没有一个清晰的对立阶级。相反，中产阶级用一幅彼此分离的众多个体所构成的图景，取代了具有凝聚力与边界性的群体概念。在这幅图景中，每个个体都完整具备着个人的历史、欲望与命运，仿佛任何一种固定的定义都不可能把握住他们是谁、他们在做什么、他们将如何生活。

更有甚者，最近几十年，我们转而将社会理解为很简单地由中产阶级与其他人群所组成。按照这种理解，“中产阶级”代表了常态：他们是自食其力的个体，以常规的方式前进或是掉队——所谓常规，也就是有条不紊的、独立的和渐进的（除去例外情形），没有巨大的波动。人们认为这种常态反映了投资带来收益、懒惰遭到惩罚的标准性质。在大众的想象中，中产阶级之上悠游着无需努力上升也无坠落之虞的精英；而在中产阶级之下，如果我们

23

将目光限于发达经济体，看到的将是依赖社会福利的下层社会与其他边缘人口；如果我们将目光放得更远，看到的将是广大的赤贫者。所有这些人群，与中产阶级与精英相比，似乎都被束缚在悲惨的境地中。

将中产阶级视为关于个体自主的不分阶级的常态，这种想法就是在否认“阶级”背后的含义。它否定了这样一种观念：间接、非个人的力量可能会限制我们在社会中的位置，或是预定我们将拥有何种机会、何种生活质量。和种族、性别和宗教等范畴相比，阶级更强烈地指向了决定我们生活的外部因素。这是因为，社会与经济机会正是阶级概念的题中之义（相反，对于某一种族或性别群体的一员，是特定地方、特定时代的种族主义或性别歧视为其分配了某种命运）。拒绝阶级或者主张中产阶级性（本质上是一回事）就是否弃这样的观念：我们一生中取得成功的机会除了取决于自身的欲望、能力以及尤其重要的努力，还可能由其他因素决定。中产阶级在这条否弃之路上走得很远。

人人皆有成为中产阶级的潜力，这一论断暗示了社会流动——无论上升还是下降——都是我们自己的事。我们很难找到“中产阶级”的指示物（referent），正是因为其边界是如此不固定。实际上，只有当中产阶级的边界是不固定的，才能成就上述的社会流动。“中产阶级”代表了一种开放的优绩主义（meritocracy），它向甘愿投入的人不断给出准入的承诺，并向不愿投入的人发出坠落的警告。延迟满足，牺牲部分消费以备将来之需，承担负债资产带来的风险与义务，投资教育、培训、房产、储蓄计划和养老金，这些都是中产阶级跃升和防止坠落的策略。中产阶级性暗示了人人皆可通过努力、行动力与牺牲实现上升，正如人人都会因浮躁、懒惰和胸无远志而走向滑落。它断言了我们是自己命运的主人和机遇的主宰。这一判断同样强有力地适用于我们在朋辈眼中的形象：如果我们成功了，那一定是因为我们在自己身上下了功夫；如果我们失败了，我们大概就没有下这样的功夫，除了自己，怨不得任何人。[3]

如果这就是“中产阶级”的含义，那么它所服务的是何种目的？要回答这个问题，我们可以先着眼于“中产阶级”的头号支持者，包括政客、政策专家、企业、营销公司、开发机构和金融机构——他们一同高唱着道德说教的宣言，称颂中产阶级是民主、进步和消费驱动型经济增长的先驱。当他们谋求扩张中产阶级的版图，或是为中产阶级的利益与脆弱性代言时，他们会各自持有大相径庭、有时相互冲突的情感与意图。但有一点他们是共通的，那就是他们都在事实上依附于资本主义（虽然很少承认），这种依附性的最基本因素是，他们都依赖于资本主义的运行才能实现各自的目标。



关于所谓的资产阶级美德（bourgeois virtues），最博学的辩护来自经济学家迪尔德丽·麦克洛斯基（Deirdre McCloskey）卷帙浩繁的著作。她在中产阶级身上发现了各种美德，从诚实到更丰富的社会生活、情感生活甚至性灵生活，再到多样的身份选择。[4] 只要你造访过以夜不闭户为傲的富人区，就知道把特权说成道德是多么令人生厌。然而，像麦克洛斯基这么聪明的人，当她认为诸多美德与实践这些美德所需的大量特权不可分割时，她所秉持的是对资本主义的真诚信仰。她相信，这些禀赋与性情作为经济增长的红利，是我们所有人都有机会得到的——富有资产阶级美德的人越多，就会有越多人享有更富足的生活，正如据说已经捷足先登的数十亿人那样。

文艺评论家弗朗哥·莫莱蒂（Franco Moretti）[5] 将麦克洛斯基笔下的“资产阶级”（bourgeoisie）调换为“中产阶级”。他使我们注意到，到十九世纪，由于能够更好地兼容“社会流动”的含义，“中产阶级”一词已经悄然取代了更早、更僵硬的范畴。记住这一点，我们便可理解麦克洛斯基真正想表达的是，中产阶级是资本主义的主角，

26 这些角色的优点反映了资本主义本身的优点，他们的快速扩张标志着资本主义财富的扩张。莫莱蒂继而观察到，麦克洛斯基归于中产阶级个体的诚实品质多么完美地对应着资本主义市场的机巧：在一个经济体系中，理想型的行动者只需依规则行事来获得报酬，靠钻制度空子是得不到好处的。

从这一洞见出发，要想译解“中产阶级”这一范畴，一个显而易见的切入点就是考察资本主义的运行方式及其促成的结果。那么，请让我简要勾勒一下资本主义的部分面向，这些面向为身处其中的中产阶级预先描绘了目标。[6] 麦克洛斯基拒绝给出关于资本主义的其他定义，而是强调了围绕自利行为的老一套说辞：只要能自由参与健康的竞争，自利行为就会鼓舞进取和事业心，从而推动市场发展，形成巨大的溢出效应——也就是“水涨船高”的著名故事。一个信息量更大的讨论起点是资本主义的如下特质：除个别例外，资本主义所基于的生产过程都是没有中央计划和协调的。不同于另类或早期社会与经济体制下 27 的生产活动，资本主义条件下，生产通常不是按照民主过程或专制法令所确定的部分或所有人的需求，去创造商品和服务；相反，资本主义假定每个人想生产什么就生产什么，生产者之间的竞争自会决定每桩事业的成败。

资本主义的拥护者喜欢说，上述成败最终反映了生产者在多大程度上满足了需求：如果人们没有足够的购买意愿，就不会有商品或服务被生产出来；要是它们被生产出来了，生产者就会关门大吉。人们对货品与服务的渴望向企业主发出了“有利可图”的信号，后者相应地生产出了符合需求的商品。虽然未经协调，但市场机制的自由运转在名义上满足了大众需求与欲望。这一推理过程略去不提的是，即便在充足购买力的坚实支撑下，大众需求可以划定任何一个企业主最终的生产界限，这一界限只有在生产成为既定事实后才会显现出来。换言之，在界限划定之前，已经有众多企业主被推向倒闭，已经浪费了大量的过剩商品，而诸多需求却仍未满足。

这里的关键在于，种种负面后果的形成并不是由于生产者未能精确预判需求。实际上，他们恰恰展示了资本主义制度的逻辑，正是这种逻辑造成了持续性的生产过剩。为了避免被挤出市场，生产者需要比竞争对手生产更多商品，并以更低的价格卖出。这一竞争压力也是驱动企业经营的动力。因此，生产出来的商品并不是为了满足需求或欲望。实际上，他们只是用来在市场上分一杯羹的工具，依靠的是对成本削减的耐受力，对涨价和更新换代的推动力，以及为产品之间的细微区别赋予个人意义、进而诱发

28

需求的能力。由此形成的商品过剩——从不同品牌的生活用品、不同风格的娱乐产品到种类繁多的专业服务——争着让我们掏出钱包。我们经常用不上这些东西，更经常买不起太多东西，无论制造商和零售商多么迫切地想要把它们塞进我们手中。

当生产者们奋力要达到具有竞争优势的生产率，整个生产过程就改变了。新的生产过程吸收了技术革新，加快了产品的供给并使其多样化，同时也使大量工作成为多余，对于每个幸存的雇员则尽可能地压缩其工作量。这就解释了资本主义的活力，只需要越来越少的总体工作时间就能生产经济中过剩的商品。这也解释了以下事实，即当一些人几乎把和亲人见面的时间都悉数投入工作，更多具有相同技能的人却在承受失业、不充分就业和贫困的后果。如果我们把资本主义放在全球整体中思考，它的一大特质就是这样一种显著差异：一边是数量惊人的物品被生产，再被浪费，另一边则是令人绝望的匮乏和试图挣得基本必需品的普遍挣扎；或者，一边是人们因过劳而不堪重负，另一边则是人们因失业而灰心丧气。

为了让生产的车轮持续转动（并持续雇佣工人、金融家、提供机械设备与各类服务的辅助供应商，来促进商品的生产、流通与销售），那些最初把车轮发动起来的人必

29

须再投资自己的生意，才能不赔掉它。然而，他们也得有机会从生意中获利，才有动力为众多商业尝试付出辛劳、承担风险。因此，经济结构中必须有足够易得且可用的人力、物质与金融资源，来助推企业，激励工商业不同领域内的竞争。要保证这种可用性，就得不断积累全球剩余。

虽然无生命的系统并无某种主观意图，但就其似乎在持续推进某一目标而言，它又不乏一种内在动力。资本主义累积的过剩之所以被称为剩余（surplus），是因为从全球积累的资本并不能再次投资于造就它的经济活动而得利，或是重新流入造就它的社会、以任何形式为当地人口所享用。生产过剩总是会产生剩余，而将部分剩余据为利润是商业冒险的动力。反过来，人们可以获取、持有的货品与服务必须被限制，从而激发他们为这些东西展开竞争、产生剩余。同理，在利润或收入中，或是在对未来某一时刻利润或收入的预期中，必须体现出足够多的剩余，来促使人们再投资更多生产活动、制造更多商品。

资本主义市场的基本规则是不受强迫、不通过偷窃，将一件物品自由交换为另一件等值的物品。在自由和等价交换的情况下，剩余只能通过一种方式产生：使劳动者贡献的产品与服务的价值大于他们的收入所体现的价值。卡尔·马克思将这种方式称为剥削，因为，即使雇主从一开

30

始就无意伤害任何人，即使雇主和雇员同喜同忧，劳动者的工作也没有得到完全的报偿。无论工作是低贱还是崇高，劳动者在参与生产的商品中所贡献的价值都大于他们能用薪水买到的东西的价值。并且，无论他们挣到了什么，哪怕他们挣了很多，都比不上他们对生产的贡献。否则，就没有人会雇佣他们、付他们薪水了。

此外，总体而言（但也存在一些众所周知的例外），工作所得收入都不足以让劳动者最终摆脱工作，否则就没有足够的劳动者来为经济生产剩余了。最后（此处依然存在例外），工作所得收入又得能够满足劳动者及其家人在食品、住所、健康、教育和培训上符合社会一般程度的需求，否则经济结构中的劳动力就无法胜任工作并产生剩余。劳动中未被补偿的价值，以及体现这部分价值的“利润”与“收入”，经过榨取，进入了资本主义的积累过程；但当这种积累被委婉地称为“增长”，背后的榨取环节就从人们的视野中消失了。这为剩余赋予了“进步”的光环，使人们忽视了劳动者在其中承受的代价。

独立生产者之间的竞争重塑了整个生产过程，减少了种种壁垒，以免其妨碍、拖累有利可图的货品和服务的生产与流通。小型产业要么扩张，要么消失。企业主要么通过技术进步节省企业开支，要么就会因产品价高而被淘汰

31

出局。各国经济被（不均衡地）整合进世界市场，从而生存下来；而对相对强大的经济体来说，这一整合过程也是为了和相对弱小的经济体做生意从而获利。由此带来的生产率提高使企业能够更廉价地生产出劳动者拿工钱购买的一切衣、食、住、行等货品与服务。如果劳动者可以花更少的钱买到想要的东西，雇主和客户也可以少付劳动者工资——不论是就名义总价还是相对价值而言。与此同时，劳动者的工作与服务为经济贡献了更多的剩余，因为它们产出的价值大于它们的价格。资本主义由此产生了集中于精英阶层、任其进行再投资的巨额财富，即便这一过程可能是缓慢或间断的。这是一条曲折前进的道路，某些地区、某些产业的劳动者或许可以通过成功的政治或个人行动改善其处境，或是赢得喘息之机，但总的来说，工作的价值在降低，就业状况变得越发艰难而脆弱。

如果臣服于资本主义的劳动者能从这一制度中得到的只有榨取剩余的工作，我们很难想象资本主义能够完好无损地一直运行至今，更不用说变得蒸蒸日上。工作不可能永远都是艰苦、报酬过低的，不可能既让劳动者与他们创造的大量财富无缘，又不让他们积蓄不满，以至于不断发起斗争来和资本主义一刀两断，或是用一种更加公平的生产与分配制度来取代它。从历史上看，当然劳动者经常试图这样做，但有些人回避集体斗争。这不仅是因为害怕受32到反扑，更是因为他们感到自己会在反抗中失去些什么。如果劳动者最终能大量积累到他们创造的一部分社会剩余，他们就会面临这一重大考虑因素。

商品和服务往往是复合而成的，他们在不同阶段由众多的人与机器生产、组装、流通，各个阶段之间在时间和空间上相互独立。因此，我们很难精确计算一个人对其经手的商品和服务做出了多大贡献，进而对比这些商品的价值与劳动者手中的支票所代表的购买力。通常，我们只会假定雇主或客户支付的是我们所做工作的竞争价值（competitive value）。虽然现实很少如此，至少在理论上，我们无疑拥有为自己的服务开出更高价格的自由，如果对方不买账，我们自可另谋高就。诚然，我们还是有可能意识到共同面临的困难而组织起来，反抗对我们不利的制度。然而，当遵循游戏规则能获得额外的好处，当这些好处的存在与价值独立于我们的工作，当获得这些好处可能使我们在与其他人的竞争中占得先机，当失去这些好处将会成为我们生活中的灾难，我们就有足够好的理由对自己的真实处境睁一只眼，闭一只眼。

当马克思在其皇皇巨著《资本论》中探讨阶级时，他是在结构的意义上讨论这个范畴，认为它来自生产过程中有无物质资源所有权的群体之区分。在他看来，这一区分产生了资本与劳动的对立：支付给工人的越少，越多资源就能以剩余的形式累积起来，被资本收入囊中。反过来，工人的力量越大，就能为自己夺回更多剩余。马克思并没有在其研究中将劳动与资本对应于实际的工人阶级与资本家阶级。虽然他对工人的生存状况和阶级政治的形势做了重要思考，但他的研究路径更多是结构性而非历史性的，意在揭露资本主义制度遮蔽的逻辑。不过，如果我们想要采取一条偏重历史性的研究路径，我们将看到，劳动者其实已经被征召进与资本家相关联的议程之中，这一过程掩盖了马克思所描述的劳动与资本之间的对立。可以说，这就是“中产阶级”这一范畴所服务的真实目的。

33

我们可以获得和享有自己创造出的部分剩余，但与此同时，我们也受制于必须工作谋生的脆弱性，我们为创造剩余所付出的劳动也承受着剥削。给予我们好处的制度恰恰也是剥削我们的制度，它剥夺了我们赖以独立生存的工具：私有财产。如果我们生活在资本主义社会，唯一的选择就是在给定的条件下工作。这些条件是剥削性的，它使我们无法享受自己的工作所产生的剩余。我们不再靠公有的土地生存，也不再通过公共资源获得基本必需品。要想挣到钱来购买我们需要和欲求的东西，唯一的道路就是投入报酬小于实际价值的工作。

从大约十七世纪开始，共享、共有的资源逐渐被征用和瓜分。此类行动往往诉诸暴力来摆平激烈反抗，其结果是一小部分人拥有、控制了私有财产，包括土地和其他资源。在欧洲，这一进程是渐进式的；而在世界其他地方的殖民地，这一进程则是更为急剧的。资本主义的兴起及其全球扩张，离不开私有财产制度的暴力引入。过去，这种管理资源的方式在被殖民地要么不存在，要么不占主流。随着资本主义逐渐以私有财产的形式瓜分了全世界的资源，土地、原材料、生产工具和其他资源的新主人无论开出什么样的条件，人们都只能在相应的工作条件下谋生，别无选择。

34

然而，还有另一种理解财产的方式受到资本主义代理人或者代理机构的鼓吹，其基础是一套确认和保护每个人私人所有权的法律制度。根据这种理解进路，所有权的范围延伸至包括劳动者及其家庭渴望拥有的一切东西：从房、车等有形财产，到包括储蓄账户、保险单、养老金计划以及股票、证券和债券等在内的无形资产；把范围延伸得再广一些，我们还会看到大学文凭、专业技能、职业资格甚或社会关系网络，所有这些都被冠以“人力资本”之名。

我们在直觉上很容易理解拥有这些东西的作用。私有财产所代表的价值独立于我们在工作中挣得的价值。就人力资本而言，它可以帮助我们找到一份更好的工作。我们作为劳动者的机运（fortunes）可以通过作为财产所有者的机运来平衡。当两者分道扬镳时，这种平衡作用就显示出重要性。裁员、服务需求减少、健康或家庭问题，甚或仅仅是年龄的老去，都可能减少我们的收入。面对这些困境，拥有一处房产、一个储蓄账户、一份保险单、一张大学文凭就能争取到新的收入，从而减轻损失。或者，我们可能买过一处不动产、一只股票、一张职业资格证，市场的发展可以使它们升值。如此，上述财产就能帮助我们兑现一笔比工作收入更大的财富。

我们身兼劳动者和拥有财产者或渴望财产者两重身份，不会仅凭工作性质和收入来评估自己在社会中的地位（即使社会可能会将我们摆在某个位置）。我们也不会将彼此高度分化的机运最终归咎于作为劳动者的共同困境。相反，我们私人所有或者未来有望拥有的一切财富都牵动着我们的心思。作为劳动者，我们也许深知，大家领到的工资总额越少，资本的代理人和代理机构从我们身上攫取的利润就越多。但作为财产所有者，我们又处在与资本主义体制更复杂的关系之中。我们经常感到，只有支持国民经济的稳定与增长，才能利用自己拥有的东西来保障未来的生活，或是通过置办新的财产来改善发展前景。这种判断尤其适用于以下情况：我们名下的房屋、资产的升值与国民经济的增长息息相关，即使这种增长到头来靠的是从我们的工资中积累剩余。一旦我们内化了上述判断，“积累”就把我们拉入了同一阵营。

这种视角的转变并不只是“学着喜欢资本主义”这么简单。作为必须以工作为生的人群，我们的工资收入和其他保障越少、越不可靠，我们就越是渴望拥有财产。但除非有幸继承一笔财产，我们对财产的追逐免不了付出艰辛和牺牲。我们必须比原先更努力、更有效率地工作，可能也要比其他人更努力、更有效率，才能给未来置办财产的计划挣到足够的钱。提前规划部分收入的用途，包括用于储蓄、用于获得文凭、用于房产或养老金计划，意味着我们不能把所有收入都花在当下想要的东西上。即便我们的确可以通过贷款、分期付款的方式即刻添置一份产业，这些债务也早晚需要偿还。最终，我们还是得更努力地工作，存下更多钱。我们有一个词来形容对财产的追求，那就是“投资”。我们在必需之外投入了更多的时间、精力和资源，目的就是为了今后能有一笔工作之外的潜在收入。我们将种种财产的投资视为一种工具，希望借此保护自己渡过可能发生的收入短缺的难关，以及让自己和子女未来不必再付出同样的辛劳。

“中产阶级”这一范畴在十九世纪晚期欧洲最发达经济体中日益流行，与家庭财产形式以及财产获取方式的激增密不可分。这一时期同时伴随着社会与政治动荡，后者危及了资本主义正在上升的力量和支配性。为了安抚不满的工人、缓和资本积累过程，工业增长产生的部分剩余开始向普罗大众开放。这些剩余化身为各类资源，使相当数量的工人能够以前所未有的方式享受到社会流动与物质保障。这种流动性与保障，或是对流动性与保障的承诺，将工人的精力从抗议转移到了投资上。心怀不满的工人可以慢慢积累那些他们害怕失去的东西，包括存款、房屋和文凭。他们还可以获得诸多物质与文化装备，来彰显自身的优势与成就。

37 积累带来的好处在于创造出了一群温顺、上进的劳动力，他们忙于争夺财产或是依赖于财产的收入，而无暇顾及和反抗他们共同受到的剥削。一些理论家注意到这一趋势，将中产阶级形容为一个在劳动与资本之间左右为难的角色。[7] 之所以说左右为难，是因为我们被迫以自身为敌：作为劳动者，无论我们的职业多么受尊敬、收入多高，我们都被剥削来创造剩余；与此同时，无论我们的职业多么卑微、收入多低，当我们拥有或者有希望拼得一笔存款、一座房子、一辆车、一份保险单或者一份文凭时，我们又将得益于和资本积累的动态过程持相同立场，后者可以保全乃至增加我们所有之物的价值。相应的，只要我们的幸福依然取决于对自己努力获得的资源的持续占有，以及通过这些资源储藏下来的价值，反抗资本积累就会使我们蒙受损失。

我们是以这样一种方式被归类的：它称许我们拥有良好的品性，能够看轻我们在当下工作中承受的条条框框，而着眼于今日之投资能在未来兑现为家产的腾飞或没落；它也称许我们能够忽视制度性约束，后者为保持自身的盈利能力，决定了我们的财产、工作与收入的价值，乃至决定了我们的命运。我们被称为中产阶级。这一名称向我们所有人敞开怀抱，无论我们是收入最高的专业人士、经理，是事业有成抑或奋斗中的企业主、自雇服务业者，还是地位最低的普通职员、端不稳饭碗的实习生。只要我们以工作为主要谋生手段，拥有或有机会拥有物质资源与人力资源，能够通过投资来维持、提升这些资源的价值，就适用“中产阶级”这一名称。它代表了我们的这样一种想象，即我们的财富与处境仿佛是个人选择与努力的自然结果。它进一步代表了我们“为未来做出牺牲”的责任，仿佛未来也仅仅取决于我们的选择与努力。

这种想法之所以如此难以抗拒，是因为：只要我们手头财产的价值不发生剧烈的波动，同时还能让我们比握有更少财产的人过得更好，或者比在没有这些财产的情况下更能抵御厄运，我们付出的努力往往能收到回报。这样，我们就可以有理有据地想象自己经历的痛苦并不是被迫失去，也不是孤注一掷，而是审慎的投资。我们越是发愤工作、学习、规划职业生涯，越是坚持为买房、为老年生活或者子女的教育而储蓄，我们就越是专注于这些努力，也越是倾向于将自己的财富归功于这些努力——高于其他任何因素。此外，我们越是为了更好的期望而延迟满足，我们就越不愿意贬低这种节制，认为它们是外部强加的、在个人层面上没有意义。我们不仅在投资，更以这些投资、以进行投资的自己为傲。

但是，请等一下。万一我们发现自己受够了拼搏、竞争和投资怎么办？万一某一天，我们认为自己很有希望依靠已经获得的财产过上想要的生活，认为是时候休息下来，收获曾经种下的东西，又会怎么样？经济学家将财产带来的收入称为“租金”（rents），将依靠租金生活的人称为“食利者”（rentiers）。他们将租金从劳动所得、企业利润中区分出来。按照对食利者悠闲生活的幻想，我们可以少工

39

作、选择性地工作，或者干脆不工作，而是靠我们的财产生活下去。听起来，这对我们来说是件好事，但对资本主义则相反，因为它不利于资本主义所必需的积累过程。这样，私有财产制度很可能反噬资本主义：它所提供的不再是一套对于工作与投资的普遍激励，而是普遍抑制。

这还没完。考虑到每个生产周期只能产生有限的剩余，从潜在盈利能力的角度来看，除去工作家庭在逆境中赖以为生的现金或资产储备，还有多少剩余能分摊到世界各地家庭的账上？你会回想起，正是“经济活动的剩余可以转化为利润装进人们的口袋”这一承诺，能够激励生产活动的独立组织者、协调者和资金提供者冒着巨大的风险继续前进。一旦广大的人口具备了政治力量，要求以存款、房屋、社会保障、学历等私人所有物的形式取回部分剩余，即便他们中的大部分仍需靠工作谋生，也会严重拖累经济活动的盈利能力与增长率。自从家庭财产变得无处不在，经济学家就在探讨这种危险，他们提出的解决方案是诉诸有限的调整手段，抽走部分家庭财产，其工具包括通货膨胀和税收。但最为隐蔽而有害的一种解决方案是最近数十年形成的，在此之前，人类刚刚经历了一个财产所有权普及率空前增长、家庭资产与储蓄大量增殖的时代。



从二十世纪八十年代到九十年代，全国性、区域性市场放松了管制，并被整合进一个全球金融市场中，从而便利了资本和信贷流向世界各地的政府和公司。这一变化有助于刺激竞争，同时让积累过程变得更平缓、更具韧性。资本跨越了社会与地理障碍，不断被提供给赚钱的企业。与此同时，经营状况不佳的企业无论对各国经济和区域人口有多大的重要性，都会失去资本的支持。新型金融机构允许将不同种类投资所附带的风险（比如币值和利率的波动）集中起来，进行分割，作为新的投资产品来定价和变卖。其结果是，贸易、企业的规模以及全球投资资本的体量都呈指数级增长，同时创造出新的风险和盈利机会。经济活动参与者（economic actors）面对日趋激烈的竞争和股东要求提升股价的压力，开始依赖于不断融资来生存和维持繁荣。这种依赖性是一把双刃剑，因为经济活动和竞争的强化会使全球金融市场承受更大压力，去提供信贷、债券和股票，促进投资，管控风险。

渴求利润的全球金融机构始终在狩猎新的投资机会。他们的猎物名单上，就包括那些曾经由税收、社会保险这类公共财产，或是由工作收入、银行存款等私人财产提供资金的产品与服务。工业资本主义已经让位给金融资本主义，这表明全球金融资本在公共和私人资金安排以及经济增长条件制定方面占据主导地位。风险评估与定价向投资

41

者指明了通往潜在利润或损失的道路。通过这种定价，金融开始管理、调节经济、政治与社会生活的所有方面。它的身影深藏于制度的运行方式之中，深藏于用来提供服务的基础设施之中，也深藏于各个经济体和大中企业为求生存所必须考量的选择之中。

用学术的话说，金融对经济和社会的支配就是所谓的“金融化”（financialization）。在发达经济体中，金融化契合了新自由主义下的其他经济趋势，其中主要的就是国家越来越缺乏意愿来分担风险，稳定收入，以及通过税收和社会保险提供产品与服务。第二次世界大战后在发达经济体中逐渐兴起的公共安全网，在所有国家都出现了不同程度的倒退。工资的上涨速度赶不上物价的上涨速度，劳动保护的撤销、劳工组织的弱化让就业变得更脆弱、更不稳定。一边是止步不前、靠不住的工作收入，一边是公共产品与服务的萎缩，两条线交汇在一起，在劳动者和公民中产生了一种迫切的需求：运用能拿到手的一切资源，来对抗与日俱增的危机和不安全感。

欢迎来到全球金融的世界。借助信用卡、分期付款、房屋按揭贷款、学生贷款和其他长期放款工具，加上对存款、保险和养老金的财务管理，金融机构争相迎合被培养起来的大众需求。于是，金融服务和金融工具在家庭经济学中日趋重要。这也向每一个被金融之网俘获的人提出了一项必须完成的目标，那就是掌握一定的金融知识，有能力发现投资机会、使用金融工具，同时承担风险、为自己投资（或者没有投资）的后果负责。在这份责任里，经常包括主动削减支出以平衡家庭预算，确保个体手上的资本能够可持续地流入和流出。



为了平抑持续不断的资本流通，银行、保险公司和养老基金等机构投资者充当了家庭与全球金融之间的媒介。这种媒介功能的具体形式，是提供和管理按揭贷款、养老金、其他长期存款产品、保险单以及消费信贷。金融机构将这些理财工具统筹的支付与偿还款项打包起来，批量定价，再卖给其他市场参与者。这样，家庭财产所代表的价值又回流到市场上，成为更多投资的信用基础。由于被卷入了金融市场的潮起潮落，这些财产自身的价值也在起起伏伏。想想所有那些按揭买来的房子经过三十年的还款之后才能最终确定价值，而具体的还款数额反过来又随利率、币值而变动；想想你退休后能领到的养老金取决于用你养老金账户里的积蓄进行的投资，这些积蓄在数十年间被不断投向具有潜在波动性的股票和债券；再想想你的文凭，它的价格是以经年累月的偿还学生贷款计算的，而它的价值只有在风云变幻的就业市场上才能得到确认。价值不稳定的财产在不同收入水平的群体中都越发普及，这一趋势解除了“财产会提供过多安全感”或者“财产从经济中抽走了过多剩余”的危险。这种价值不稳定的财产要求付出真金白银的投资，带来的却是不固定的回报。除了最顶级的富人，其他所有人都无法想象彻底满足于当下所积累起来的资产。相反，很多人听到关于所有权的许诺后落入了圈套，最后发现，要想享受所有权带来的好处，就必须坚持不懈地投资。

43

从我们的角度来看，金融可以帮助我们购买仅凭工资收入买不起的东西。这听起来很棒，直到我们意识到家庭债务总是和低收入成对出现。我们越是习惯于通过信用卡、抵押合同和分期付款买东西（当商品过于昂贵时，这必然会发生），雇主需要发给我们的钱也就越少。这是金融化对我们强化剥削的一个方面。此外，金融化还将我们置于不利的投资地位：作为投资者，我们所依靠的是像房屋、养老金这样相对刚性、单一的资产，而我们所处的投资气候则是偏向速度和灵活性。还有一个方面是，金融化加剧了产业、企业和服务分支之间的竞争，为了适应这种竞争，他们中有许多会采取财政削减和裁员措施，从雇佣的劳动者身上榨取更多价值。金融化强化剥削的另外一个方面是，它让剥削变得如此抽象，以至于我们甚至不能怪雇主付的钱太少：一个无人格的市场向劳动者和资本家同时施加了压力，为众多不具名的股东提供价值的必要性又正当化了这种压力。[8]

44

但我们还得面对压在头上的最后一座大山：在金融化的背景下，我们的投资对象之一正是对自身的剥削。银行和其他金融市场参与者对我们的每一笔支付或债务偿还款项进行了捆绑和重新打包，将其作为投资产品卖给公司实体和机构投资者。这些投资者很乐于在当下购买将来才会兑现的收入流，他们希望这笔收入流未来产生的总价值大于当下的售价。这种金融产品的价格是根据逾期无法偿还或无法足额偿还的风险确定的：风险越高，金融产品的价格就越低。为了对抗这一风险，各种财务投资者会将不相关的金融产品汇总为一个多样化的投资组合。多样化投资组合本身也会被定价，影响其价格的因素包括各种可能延缓或终结该投资组合整体收入来源的事件，如政治动荡、社会起义、债务人普遍无力偿还贷款。于是，集合投资产品向政府、企业发出了这样的信号：他们最好看住自己的国民、雇员和债务人，以免遭遇撤资及损失。

不管对此知不知情，我们一直在以退休金和其他长期存款产品的形式购买这类投资产品。管理这些资金的机构投资者之所以要买这些投资产品，是为了保证退休金能够

45

按预期兑付，或者是为了使我们的储蓄计划及其他资产的价值最大化，当然，还为了他们自己的利润。我们依靠这些理财工具来攒下买房钱、学费和养老钱，而这些工具同时也被用来不计一切社会代价地维持剩余的积累。当我们认真、审慎地为家人的幸福投资时，我们也在投资一个支配我们的系统，它管理着我们的工作和各种资源，并由此削弱了我们作为劳动者和公民的力量。一些金融化的批评者将这一过程的产物称为金融化的食人属性，它将对每个人的剥削推广到了所有人身上。[9]

正如我们手中金钱的价值无法脱离于资本的流通，我们也无法评估自己在积累过程中扮演的确切角色。面对工作条件的恶化、不安全感的激增，我们很难将这一进程追溯到自己与资本的某几次不幸的相遇，尤其是当我们的资产也被卷入其中时。相反，我们在日常经验中印象深刻的却是理财的低门槛。想想塞满我们信箱的信用卡申请表，想想到处发来的贷款邀请，想想我们的存款投向的具有抗通胀潜力的理财产品，想想引诱我们即刻到手、分期支付的贵重商品。我们仿佛被赋予了作为挣钱者、储户、所有者和投资者的权利与权力。我们当中有投资能力的人，会运用融资工具获得防御性的或是服务于个人抱负的资产，比如房屋、退休金和大学文凭。我们在力所能及的范围内承担着作为借款人、储户和家庭成员所要求的长期规划的重任。完成了所有这些，我们就可以忽略自己作为劳动者和公民的处境，而采取这些资产所代表的态度。我们可以自认为正在通过自主投资、审慎储蓄、承担个人责任和制定长期规划对自己的人生负责。我们可以称自己为中产阶级。 46

在众多投资机会中游走使我们在这场追逐游戏中越陷越深。当回报看起来近在眼前，又无法轻易染指时，我们会全力以赴地接近它，即便初次尝试失败，也不灰心丧气，而是越挫越勇。信用贷款改变了我们与财产、投资之间的关系：它将我们梦寐以求的东西放在我们的指尖，同时迫使我们更努力地工作、花更多钱来抓住和拥有它们。当我们已经拥有的东西并未显示出我们期望中的价值时，我们同样被激励着继续工作、继续消费。我们在不断付出，而我们的牺牲换来的却是资本在我们身后不断积累。面对这一情形，我们依旧咬紧牙关，执着前行，因为中产阶级的自我认知鼓励我们这么做。

随着金融渗透进亚洲、非洲和拉丁美洲的“新兴”或“发展中”经济体（按照人们对它们的通常叫法），这些地方的中产阶级自主意识变得尤为醒目。这些经济体正在向国际贸易和投资开放，向商品以及用来获取这些商品的金融工具的涌入开放，在这个意义上，他们都在经历自由化的过程。他们的大部分人口过去数十年间只是勉强过活，有些不得不节约度日，有些处境堪称悲惨，很少有什么私人财产。突然之间，许多人收到了贷款，可以用来购买曾经难以企及的东西。其结果是，这些地方的医疗卫生、教育、住房和交通成本如火箭般蹿升。一些人的生活方式驱使他们选用其中最有效率的服务，最终被高筑的债台所埋葬。他们不得不制定长期策略，管控风险，加倍工作，寻找新的收入来源，来偿还这笔债务。大多数情况下，他们在这条道路上要面对的是工作与保障的匮乏。新兴经济体的这些新晋投资者——如今获封崛起中的全球中产阶级的称号——接过了驾驭未来的缰绳，但他们很快发现，与这些缰绳紧紧缠绕在一起的，是金融化财产背后的经济、社会与情感代价。

47

我们最终意识到，谈论全世界一部分受压榨的中产阶级与谈论另一部分正在崛起的中产阶级毫无矛盾。如今，全球金融市场正在沿着两条路前进，一条是修复富裕国家的资产价值，一条是投资贫穷国家的新资产。对于已经积累了几十年的私有财产、公共资源和人力资本的人们来说，忽然间，他们发现这些资产和保障要么暗含着更高的代价，要么本不具有可靠的价值，于是陷入了财务危机。

而在另一些地方，人们原本几乎身无长物，却忽然有机会染指各式各样的财产、掌握获得这些财产的金融工具，由此被征召为新一批的进取投资者。“中产阶级”这一范畴具有足够的可塑性，可以将这些新人拉进一个普遍追逐奢华生活的世界。

经济学家布兰科·米兰诺维奇（Branko Milanovic）将上述两种人分别称为全球金融的输家和赢家，哀叹全球范围内收入增长的不平等分配。[10] 然而，比这种分配不平等更引人瞩目的，不是用在个人头上的收入的增长，而是剩余的增长。剩余的增长只会暂时性地惠及一些占据有利位置、能从租金或其他收入中捞到些好处的人，而在本质上，这些暂时的受益者和其他靠工作维持生计的人一样，都受到剩余的剥削，需要应对剥削带来的种种困境。

48

做一个中产阶级就意味着做一个好的士兵，而不要把目光放在更大的版图上。最有可能这么做的是这样一群劳动者，他们握有获得一些财产的工具，这些财产在他们身处的社会能够实实在在地改变他们的生活。一种中产阶级意识形态驱使他们投入更多的时间、劳动或资源，其数量超过了当下能够获得的回报，但他们关心的是未来。由于这种心态是如此有助于积累，那些工作和地位全仰赖资本主义制度的人们痛惜于他们所说的中产阶级的萎缩，想方设法地为那些由于投资的无常和徒劳无功而日渐萎靡的长期投资者重新注入能量。他们还赞颂全球中产阶级的崛起，为千千万万的人们而欢欣鼓舞。这些人被他们描绘成金融资本主义心甘情愿的投资者，而非金融资本主义向统治地位攀升之路上的不幸牺牲品。

虽然金融化为资本主义积累这一事业提供了诸多便利，它也暴露了积累过程的断层线。自发的社会流动这幅图景建立在“投资”观念的基础之上：我们当下牺牲的财产终将带来可靠的回报。正因如此，当我们把一些收入暂时放进存款账户或分期购买耐用品，而不是立刻在消费品上花光时，我们是把自己当成审慎而负责任的劳动者、公民和家庭成员，而不是鲁莽的投机者。人类学家大卫·格雷伯（David Graeber）捕捉到了投资的精神，他写道，中产阶级与一系列感觉相关联：感觉各种基本的社会制度是为我们的利益而存在，感觉我们只要遵守游戏规则就能预测结果，感觉只要游戏规则不变，我们甚至有能力谋划孩子的未来。[11] 但他的另一条论述没能命中靶心，那就是认为债务的重担会让我们的这些感觉摇摆不定。债本身不是问题所在。问题在于，我们虽然毫无疑问地承受着债的重压，却在继续举债，来阻止自己跌入深渊，或是更为毅然地向上攀爬。对许多劳动者来说，借钱是他们通向更好未

49

来的唯一机会。即便明显处于较低社会阶层的人们也会将自己视为中产阶级，这种倾向证明了中产阶级意识形态有着不惧困境或难题的执着；加深这种执着的，往往正是那些出于预防目的或是为了实现个人抱负而欠下的债务。我们之所以注定要挣扎以求生存，不是由于金融工具（比如借贷），而是由于操纵这些工具的资本主义本身。我们继续遭到剥削，在竞争中无计挣脱，任由那些不受我们掌控、却决定了我们投资对象的价值的力量所宰割。

当我们举债获得的财产的价值变得过于难以预测，当初决定投资时得到的关于未来的承诺显得不再可信，我们就会迎来从中产阶级意识形态中觉醒的真正转折点。这一变化并不意味着我们不再迷恋“成为中产阶级”的想法，或者不再那么倾向于投资财产以及与之相关的人力资本。但如果观察得足够仔细，我们的确能从这一变化中更清楚地看到自己所处的日趋严峻的困境。意识形态从来都不是真空包装的；相反，它需要在一系列特定的物质与社会条件之下才能令人信服。一种深度依赖“投资”这一观念的意识形态，自然要指望投资持续具有吸引力。凭借家庭财产的日渐普及，资本主义得以塑造人们作为“投资者”而非“劳动者”的身份认同。使用融资工具获得财产的可能性则鼓舞了全世界越来越多的人形成这样的自我认同。在

50

发达经济体中，社会政策与规制在第二次世界大战后的几十年内向参与投资的国民顺利提供了预期的回报。只要劳动者的投资能按预期的方式得到回报，这种投资也就能自证其意义。这种情况下，劳动者的注意力就从不知不觉间发生的工作贬值上移开，即便这些工作依然是他们维持日常生计的首要途径。

随着金融化在世界范围内重塑社会，事情开始发生变化。造成家庭资产负债表恶化和投资收益波动的种种风险形成了一道道裂缝，我们可以从中看出，不管我们拥有何种保障、持有何种先入之见，这场游戏本身都是被操纵的。与之宣扬的花言巧语相反，构成我们经济系统的不是我们自利却又互惠的选择与努力，而是促进资本积累的强制要求，要求我们总是给予多于回报。看看今天的我们必须为自己未来的安全与幸福付出什么，再看看这些付出很可能得到的结果，我们会回过头发现自己一直被耍了。从资本主义初生之日起，我们的努力和投资就在被组织、利用于剩余的积累。唯一的区别是，如今，赏给我们的那点残羹冷炙变得更稀少、更难以持续。这一区别或许能让我们睁开双眼，面对现实：不管中产阶级性创造了何种关于“自力更生”的乐观说法，我们都不是——也从来不曾是——中产阶级。

*51*

# 第 2 章

## 财产的审慎魅力

最近一次金融危机[*]向我们彻底揭示了一个事实：财产是靠不住的。虽然一直遵守着游戏规则，数百万人还是被经济压力赶出了自己的房子。另外一些人则损失了据说很安全的退休金和长期型存款与投资。还有一些人背负着巨额的学生贷款，却无法凭学历在就业市场上取得任何竞争优势。你或许会想，经历了这样的巨变，我们都会变得十分警惕，不会轻易将自己挣来的血汗钱全部押在一件更接近赌博的不确定的事情上。事实并非如此：房地产市场又开始繁荣了。仅仅是为了获得一些价值存疑的资产，许多人继续耗尽他们拥有的资源，有时还包括父母、其他出资人提供的资源，同时担负起长期债务所附带的一切风险与义务。 52

在路易斯·布努埃尔（Luis Buñuel）1972 年拍摄的超现实主义电影《资产阶级的审慎魅力》（*The Discreet*

* 指 2007—2008 年以美国次贷危机为标志的全球金融危机。——译者注

*Charm of the Bourgeoisie*）中，故事主角们一次又一次地没能吃上他们想要的高级餐宴，却锲而不舍。最终，他们被困在一条看不到尽头的荒凉道路上，摆出自信的姿态再次出发。同样地，一次次的挫败也没有使我们放弃固执的中产阶级追求。我们对于财产的志在必得带有一种欲罢不能的心理。不管我们只是想得到些安全感，还是把眼光放得更高，企盼成就一条光明的前途，获得财产似乎都是一个必要的步骤。它的“投资”属性依旧牢固，即便它未必是最好的投资，甚至连“好”都称不上。作为一种投资，财产构成了衡量一个人是否具有成年人的责任心与远见的基准，它在一定程度上可以用来弥补职业、政府与家庭等其他支持来源的匮乏和不尽如人意。如果不去投资房产、养老金、保险单、储蓄账户、金融资产、文凭和职业资格证，我们又该投资什么呢？

在本章中，我将探究我们对财产神经质般的追求，以揭示这种追求是如何反映了中产阶级的内在矛盾。我的论点是，正如自由主义思想的一种主流声音所构想的那样，财产的诱惑鼓励我们进行更多、更好的投资。我们为了财产在一个竞争环境中所象征的“安全”而投资，在这种环境中，财产所有权会使你快人一步。然而，以财产为媒介，我们的金钱也流向了市场，这一市场的增长恰恰会伤及那些原本可以帮助我们获得所需安全感的条件。金融化财产不可靠的价值迫使我们无论如何都要继续投资来撑住它。不过，在调控财产价值与财产追求的不同社会和政治安排下，财产投资是以不同方式进行的，对此，我将在本章靠后的部分详细阐述。

但我首先要展示的是一项个案研究。一段时间以来，我一直对一件事感到好奇，那就是大部分投资的对象都是些价值不可靠的财产，但要找到分析这一问题的民族志工具却费了我一番工夫。问题在于，通常，我们终其一生都在积累财产，先是投资学历，再是按揭买房，将一部分收入放进养老金、储蓄账户和保险单里，从来都不会退一步盘点自己已经获得的财产及其总体价值。这对于靠我们的投资维系的一种积累过程来说是一件好事：当我们不清楚自己会得到或失去什么的时候，我们更可能投资这些循规蹈矩的投资对象。但这条规则有一个例外：离婚。离婚时，人们不得不分割婚姻财产，包括那些物理上不可分割的东西，比如一幢房子、一份保险单。这种分割是在离婚带来的财务阵痛中发生的，此时个体拥有的财产价值显得至关重要。于是，我开始着手研究以色列的离婚问题，以便更好地理解财产对其所有者来说意味着什么。

*54*

将财产视为投资的化身，这种观念作为十七世纪自由主义的遗产一直沿袭至当代，体现于包括以色列在内的大部分自由民主制国家（liberal democracies）所使用的离婚法律。自由主义经济思想的一种主流观点认为，当人们相信自己很快能获得回报时，很可能会进行更大的投资。从这个角度来说，投资的财产具有何种形式、对拥有者来说意味着什么都是无关紧要的。私有财产仅仅是所有社会成员为实现回报预期而全力以赴的一个动机，这些投入进而创造了驱动经济增长的生产力。它也支持了自由主义经济思想的另一条分支，该分支认为，经济增长的成果将按付出比例向经济增长的贡献者提供。上述两条分支交织在一起，构成了一种普遍信念：作为社会资源的组织原则，私有财产可以使我们的财富一同增加。

55

现代离婚法律正是在这一信念之下运转的，它将家庭财产确定为婚姻投资的产物，同时以家庭财产的分割宣告一段婚姻的结束。即便一些财产在物理上是不可分割的，或者夫妻两人中只有一方正式拥有该财产，法律程序仍力求实现婚姻财产的平等分配。人们认为，这种安排反映了离婚双方对其共同拥有的家庭财产有差异但平等的投入，比如说，一方负责挣钱养家，另一方负责操持家务。我接触的大多数离婚夫妇都会试着在法庭之外解决问题。有关平等分割财产的法律要求为他们提供了参照标准，但多半情况下，他们会找到创造性的方式来不平均地分割财产，或是保留财产的完整性。当我询问他们各自对婚姻财产的投入时，大多数人对这种想法不以为然：他们只是在寻求能让各自都站稳脚跟、继续面对生活的解决方案。

一位女士正在走出一段长达十三年的婚姻。婚后，她放下了治疗师的工作来照顾子女，收入因此相对较少。她丈夫的收入也没有高很多，他是一名文科博士生，同时是一名兼职翻译。结婚之初，夫妻两人勉强算是收支相抵，而离婚则将他们的经济状况推向了危机。他们在一定程度上拥有自己的房产，女方的父母帮他们搞定了首付，但他们到离婚时还在还按揭贷款。任何一方都没有能力买下另一方的房产份额，也无力独自偿还贷款。于是，他们卖掉了房子，把大部分收入划给了女方，用来买一间小一点的公寓。出于孩子的考虑，他们希望能有一间新房子，而平分卖房的收入会让他们谁都买不起这样的房子。他们还达成共识，男方攻读博士期间支付的子女抚养费可以低于法定标准，只需量力而为。男方承诺，一旦谋得大学教职，就会增加支付金额。然而，就在他开始付这笔钱的时候，他的出版商倒闭了。他不得不去另找一份兼职工作，在此期间，出钱抚养孩子的压力转移到了女方父母身上。

56

这只是一个普通的例子，代表了我在许多离婚夫妻身上看到的一种更矛盾的财产观。这些案例中，有对夫妇为保留他们的第二套房子办理了联合抵押贷款，并用它来支付已经搬出去的丈夫的房租；有位女士放弃了她在前夫投资的股票中的份额，以换取房子的所有权；有位男士选择承担婚内的所有债务，以保证独自享有退休储蓄金；一位女士通过从前夫每月支付的子女抚养费中折现，买断了前夫的一半住房；还有一对夫妇将房子转到了子女名下。我也见过一些离婚夫妇削减开支，放弃更有前途的职业生涯以换取一份安全的工作，向父母寻求资金、住房和子女抚养上的帮助，提取社会保障金，或者为子女抚养问题撕破脸。他们没有把财产当成首要依靠，也没有参考过往投入或未来价值来衡量财产。他们在意的远非所有权，而是如何运用手中握有的东西来稳定家庭成员的经济状况。在山穷水尽的时刻，财产露出了它的真面目。在我的整个研究中，人们对财产性质、价值与明智分割的关注并不突出。*57* 他们共同关心的，毋宁是研究各地中产阶级的人类学家所说的“对安全的渴望”。[1]

无论离婚带来了怎样的创伤，不可否认的是，对安全的渴望往往正是以私有财产为媒介表达出来的。在上一章里，我提到了中产阶级与财产之间的密切关系。这种关系是历史性的：“中产阶级”这一称谓的日渐风行，伴随着可由家庭购买并持有的相对昂贵、耐用的财产的普及。这种关系也是概念性的：两者都源于“物质财富是个人投资的成果”这一观念。中产阶级身份认同对于这样一些劳动者来说最为可信，他们着眼于未来的目标，将部分收入或借来的资源用于投资，而不是为了满足当下的欲望把钱花光。财产是用来促成这些投资的工具，并且许诺了资源的持续保值。我还提到，将经济活动积累的部分剩余转化为资产提供给劳动者，从而将劳动者的注意力吸引到财产所有者的身份上，对资本主义来说是多么有用的一件事。它将劳动者的目光从他们共同遭受的剥削上转移开来，并且激励他们更努力地工作、寻求贷款，进而让挣到的钱再度流动起来。

财产的影响力是相当现实的，我们能看到，它经常赋予拥有者相较于他人的、暂时的优势，从而兑现其投资潜力。在物质生活上，拥有财产的人大多比没有财产的人过得更好，也比自己在没有投资的情况下过得更好。然而，房地产市场频繁的大起大落、种种始料未及的额外成本和附加费用一再地提醒我们，这并不是绝对的。甚至当财产确实赋予了我们优势的时候，这种优势也是相对他人而言的，因而是暂时的、脆弱的。最重要的是，除非大富大贵，财产很少能提供预言中的安全或成功。因此，用财产

58

代表安全不过是一种意识形态而已。并且，它和中产阶级这一意识形态一样，会刺激人们采取并不必然能够实现预定目标的行动。

一项近期针对 235 个美国家庭财务状况的研究清晰地揭示这一点。[2] 在研究开展的这一年里，这些家庭的收入和开销都呈现出不稳定性，经历了突如其来的起起落落。这些波动强化了财产对于渡过难关的潜在重要性。然而，这些家庭拥有或追求的财产也在同等程度上加剧了他们的不幸。约翰逊一家就是典型例子，研究人员根据收入和家当将他们界定为一个中产阶级家庭。约翰逊夫妇都有稳定的工作收入，但他们在开销方面很难预测。这些开销包括用于维护汽车和房屋、应对健康危机的大笔支出，以及给孩子们买圣诞和生日礼物的钱。他们处理家庭财务的习惯不是制定预算、优先解决短期内的硬需求（比如按时支付账单），而是赌自己能够依靠财产实现向上流动。约翰逊太太注册了一所大学的课程，寄希望于在文凭的帮助下找到一份收入更高的工作。但这个预期能否实现还完全没有眉目，她自己甚至都开玩笑说，等毕业的时候，她已经 40 岁了，往后余生都得用来还学生贷款。此外，她和丈夫还买了一套房子，希望它将来能成为一笔储备金。可是，按揭还款的压力可不小，房子的维护费用也会不断压缩他们

59

的钱包。雪上加霜的是，房价一直停滞不前。与此同时，约翰逊一家承受着持续的精神压力。

无止境的财产投资和中产阶级可以在两者的起源上找到契合点。工业革命在欧洲部分地区兴起后，经济的迅猛增长造就了一系列新的专业、服务和管理类职务，收入高于当时的农业或工厂劳动。新的财富机会也浮现出来，给资本主义最发达地区的人口带来了更丰富的物质多样性和更明显的社会分层。但职业和财富的日趋多元并不意味着开始从事不同工作、挣更多钱的人们也在扮演不同的社会角色、取得了更突出的社会地位。历史学家德罗尔·瓦尔曼（Dror Wahrman）告诉我们，十九世纪的英格兰虽然具有社会和经济上的多样性，却没有一个蓬勃兴起的、能够被清晰界定为“中产阶级”的社会群体。[3]不过，这并没有妨碍政客们将这一称谓作为一种修辞手段。为了推动他们的议程，他们宣称，中产阶级是实现他们所主张的政治与经济改革的关键角色，并且最有可能从这些改革的实施中受益。通过将实现民众福祉的责任转移到公民自身的投资行为上，勾勒出一幅种瓜得瓜的未来图景，政客们可以确保公民对统治者的政治同意。

60

“中产阶级”这一称谓的主要好处在于，它能够调动抱负、勤奋和事业心，将最合适的劳动者武装起来，为促进积累做贡献。在其探讨现代资本主义兴起与巩固的历史的权威著作中，艾瑞克·霍布斯鲍姆（Eric Hobsbawm）注意到一群新的追求更高社会地位的人，他们的自我改良和财产性质的变化相关联。[4] 在古代的传统社会等级制度中，贵族地主和庄园主占据着至高地位。到了十九世纪，虽然变化只是在一定程度上、不均衡地发生的，庄园的角色已经开始由体量相对较小的财产形式所替代，后者可以为那些并非生下来就享有土地或资本的私人所拥有。资本主义扩张之前在先天特权和遗产的作用下日趋僵化的经济，被一些更具活力的社会所取代。社会流动的可能性为人们更卖力地工作、对所有权进行投资创造了激励。

这种社会流动性的强化，得益于历史学家 R. J. 莫里斯（R. J. Morris）在其关于十九世纪英格兰的著作中所描述的"财产策略"（strategies of property）。[5] 越来越多的人采用抵押贷款的方式，获取了房屋、公债以及股份公司份额这类可交易资产。他们投入的是按揭贷款和信用，收回的则是租金。一旦失去了收入，他们就可以将资产变现来弥补损失。为了获得财产所经历的各个阶段覆盖了整个家庭的生命周期。人们通常会拿一笔贷款来购买资产，以及资助儿子们进入职场或者涉足一门生意。接着，他们会借助自己的房地产来收租。这种模式为当时日渐流行的崇尚节俭

61

的价值观提供了实践的范本。尽管如此，人们依然很难享有休闲生活，焦虑和不安全感也使这些新的财产所有者难以尽情享用其收益。但人们还是为了基于所有权的特权而努力，他们觉得，晚年生活的安逸就指望它了。

研究全世界如何作为一个单一经济体系运行的学者们指出，十九世纪英格兰等核心国家（core countries）之所以能够出现财富、财产的激增，离不开对其他被重新定义为边陲（peripheries）的国家的支配。自殖民时代以来，这些边陲地区就在以不同方式受到剥削：他们为核心国家供应食物和工业生产原材料，提供廉价的劳动力，集中承受全球生产流程的环境代价，并沦为核心国家按其开出的条件输出消费品和贷款的垄断市场。核心国家私有财产的增长正是脱胎于这个过程。世界上的一部分地方出现了众多视自己为中产阶级的人口，而其他地方则只有微不足道的少部分人有机会获得相似的突出地位，这种状况植根于全球劳动与资本的不平等分工。当资本主义生产的剩余进行世界性流动时，在人力和物质资源的国际交易中更有实力的核心国家会主动介入，让利益的天平倒向本国国民。[6]

62

但即便在核心国家，私有财产也被证明是一种微妙的东西。回到资本主义早期，私有财产是作为继承财产和先天特权的替代物才呈现出它的意义。它鼓励越来越多的人为自己的将来着想而从事劳动与投资，通过勤勉、节俭体现出与自满的收租者、经济停滞截然相反的品质。但对追求财产所有权的人来说，只有当未来**不再**需要这么卖力地工作、投资，或是能够帮助子女走上这样一条轻松的道路，牺牲部分消费、付出额外努力才是值得的。人们之所以想要财产，求的是安稳，而不是再投资。他们希望靠财产来收租，从而过上舒适的日子。美满的家庭生活——而非利润的最大化——才是驱动事业心与私有资产积累的普遍原因。[7]

家庭财产投资的大众化，得到了十九世纪经济学家阿尔弗雷德·马歇尔（Alfred Marshall）等有影响力的代言人的高声赞誉。他主张国家保护拥有财产的权利，从而促进共同的福祉，同时捍卫私人财产的所有权不受国家侵犯。带着资本主义早期拥护者的乐观精神，马歇尔想当然地认为，整体的积累与人们通过节约、投资获得财产是相互依存、相互联系的。[8]将个人投资与经济增长相提并论，这种意识渗透在一种绵延数代的观念中，即所有权和企业家精神是经济增长的两大发动机。然而，渐渐地也有一些人注意到，那些遵循市场导向、全心全意地追求风险、机会和自由竞争理想的企业家，一旦发达到足以联合起来、保护自己的投资不受野心勃勃的新一代人的侵蚀，就会摇

63

身一变，成为破坏市场的垄断者。[9]

社会学家伊曼纽尔·沃勒斯坦（Immanuel Wallerstein）在探讨“中产阶级”这一称谓的不协调性时着力处理了这个悖论。[10] 他将其追溯至一个可疑的故事，按照这个故事，资产阶级的崛起推翻了一个形式上统治社会的贵族阶级，扩张了货币交易的领域，并由此释放了现代世界的种种奇观。他将这个以阶级为中心的故事重新叙述为一个对应的以财产为中心的故事，也就是从封建时代寻租到工业时代逐利的历史演变。现实中，这种按时间线性发展的过程总体而言都是暂时的，而且经常朝反方向进行。所有资本家都力图将利润转化为租金，后者进账之丰厚是任何真正的竞争市场所不容的。资本主义中从来都没有出现过广泛存在的自由企业，因为资本家们会在结构性地诱导下去争取利润的最大化。相应地，他们总是在寻求垄断地位和所有权方面的优势。这些尝试的大功告成以及随之而来的特权固化（沃勒斯坦提及的例子包括托马斯·曼 [Thomas Mann] 笔下的布登勃洛克一家和十九世纪埃及的贵族化，等等）已经进入了文学和政治理论的视野，用来展示资产阶级的背叛：这些作者认为，资产阶级拒不扮演资本主义分配给他们的“开创事业”的角色。

*64*

尽管如此，资本主义还是通过“坚持不懈的中产阶级自我提升者”这一意识形态画像实现了人格化。沃勒斯坦解释道，无论这一称谓带有何等的虚构性，它都会反复出现在对现代世界的每一种诠释中，因为你很难讲一个没有主角的故事。“有进取心的行动者不断涌现”，这一假定便于兜售一种对于资本主义的想象，即资本主义代表着稳定的增长与发展，正如那些假想中的行动者所体现的那样。但就作为一种原型的中产阶级行动者而言，他所代表的事业心和他对寻租的渴望是相互龃龉的。这两种冲动在资本主义下同样普遍，后者作为一种制度向行动者提供的仅仅是一些暂时性的自我改良的机会。由于积累的动态过程最终会伤及这些行动者的目标，那些手握权力的人们将不可避免地与之发生摩擦。在本章的剩余部分，我将从概念和民族志研究两个角度详加论述这一矛盾：首先，我将深入分析弗兰克·奈特（Frank Knight）的著作；接着，讨论在西方乃至世界其他地方现实运作的财产策略。

经济学家弗兰克·奈特的著作《风险、不确定性与利润》（*Risk, Uncertainty and Profit*）近来重新受到了读者的关注，该书在更早的年代就为当下社会通行的冒险活动做了辩护。[11] 奈特的想法与主流经济学理论一致，他认为，经济反映了众多拥有物质财富、金钱甚至仅仅是劳动能力的逐利个体之间的互动。为了最大化自己手中资源的价

65

值，这些个体倾向于加入特定的社会或职业团体，从中做出最大的贡献、赢得最大的回报。反过来，这些团体也会通过更具吸引力的承诺招揽有前途的成员，从而争取到竞争优势。在这样一个框架中，每个人都有动力倾其所能，来获得按贡献分配的回报。

奈特将这一系统的推动力归于困扰行动者的不确定性。资源的市场价格是对其生产力的一种评估。一旦生产活动展开，供给、需求等条件就会不断变化，证实或推翻最初的期望。由于未来是不可预知的，生产成本与最终售价总是相互偏离。生产活动的这种不确定性让企业家有机会从他们在竞争条件下需要为劳动和资源付出的成本与产品最终的销售收入之间的落差中获益。这些雇主和企业经营活动的投资者会定期评估未来的利润，并做出相应的投资。奈特就所有权与不确定性的经济价值给出了一个强有力的论证：获得、拥有事物的可能性鼓励每一个人冒着风险去投资。关于未来的不确定性鼓舞着一拨又一拨冒险的企业家。[12] 唯其如此，企业活动才不会陷入停顿。

66

奈特也注意到，人们想出了种种方法来最小化那些有可能让他们栽跟头的不确定性。这些努力依赖于统计学和模型，后者指导人们将众多可量化的风险合并在一起，从而抵消单个冒险行为的缺陷和可能带来的失败。为了对冲损失，生产者会将部分风险传递给投资者。投资者也会发行股票来分散风险，职业投机者则会通过多样化、多次的下注来抵消失误。这些努力清楚地显示了广泛存在的风险厌恶。人们确实可能为了有朝一日拥有一部分共同创造的财富而冒险，可一旦得到了财富，他们就不会急于放手。从经济积累的角度来看，他们的成功是通过捞取剩余并将其据为己用，而不是通过让资源再度进入流通实现的，这种实现方式对社会而言是一种浪费。

基于上述认识，奈特进一步思考，要使一个经济系统具有效率，就不应向该系统的贡献者提供一劳永逸式的回报。只有暂时性的回报才能激发人们及时投资新的生产过程，让金钱再度处于流动状态，并且重新打起精神回归工作岗位。因此，奈特怀疑私人所有权究竟是不是社会对其成员的投资活动最有效率的回报方式。他还对允许个人承担风险是否总是明智提出质疑。他甚至抱有这样一种想法，主张“在体面而有自尊的生活根基不稳时”限制拥有财产和冒险的自由。[13]

67

当奈特提出所有权的某种特性对体面的生活构成威胁，他所考虑的是所有权塑造了人们对安全的追求。已经握有财产的人总是会在力所能及的范围内试图保有自己的财产。对那些依然相信经济增长与改善民生两者殊途同归的人来说，这是一个严峻的问题：驱动前者的是无休无止、充满风险的投资，成就后者的则是从艰辛的投资活动中抽身而出的喘息之机。事实上，这正说明了，经济的积累过程与经济活动参与者的个人目标是背道而驰的。从人们的现实行为来看，无处不在的财产投资更像是人们在找不到其他方法获得安全感时的不得已之举，而非带着创业激情而去捕捉的机会。

财产与中产阶级的意识形态基础相互映射，两者都最终提炼为“投资”这一观念。我们将投资理解为一种开拓财富的工具，同时认为财产是我们所投入价值的储藏之所。在种种弥漫着风险与不确定性的社会环境中，对有形与无形财产的投资是为了实现更好生活的最后一搏。尽管自由主义思想喜欢将财产性目标的意义想象为不证自明的，事实上，我们并不是为财产本身而投资，而是为它代表的东西而投资；它承载着我们寄予的各种情感、社会与道德意义，其中，安全是一条基线，经常起到补充作用的则是对于繁荣的憧憬。

*68*

政治学家黛比·比彻（Debbie Becher）在费城观察了政府征收私有土地引发的民间抗争。此类征收行为是在土地征收权的名义下完成的，该权利使国家能够合法地将私有财产占为公用。[14] 在这些斗争行动中，你可能期待听到关于私有财产神圣不可侵犯的各种自由意志主义口号，但和这种预期相反，比彻描述道，大部分被收走了房子的人对他们拥有的房产并没有太深的依恋。他们接受政府拿走他们正当拥有的东西，只要后者承诺回馈给他们投资的价值，做出公平的补偿。在为自己的房产牺牲了金钱、时间、劳动、情感和关系之后，他们最关心的是保证这些付出没有白费，自己能够安全落地。

比彻还描述了这些人如何创造、维持邻里网络和组织，让自己居住的地方更具吸引力，从而提升住房的价值，或是在不得不放弃它时得到更多的损失赔偿。用来保护、提高房产价值的举措通常是更具排他性的。举例来说，它包括阻止他人未经同等程度的投资获得特定种类的房产，也包括试图限制房产的普及程度以防止其贬值。我们可能会和拥有相同财富的人串通一气来破坏自由竞争，

69

比如支持土地利用区划制度（zoning laws）或设定其他门槛，将特定人群排除在我们的街区、学校之外。[15] 我们指望着保险公司彻底调查投保人的索赔请求，不让任何人混进来增加我们要分摊的风险。我们厌恶他人在我们不知情也没有得到补偿的情况下使用我们的创意、劳动甚或加入网络连接。此外，我们还主张保持获得教育或职业资格证书的标准，为了得到这些，我们自己曾付出了太多辛劳。

我们的真正意图不在于紧紧攥住任何特定的资产，而是希望自己的投资没有付诸东流。同时，只有在相对于他人我们实现了更大的价值时，投资才是有意义的。如果财产并没有以看得见的方式增加我们的财富，我们就基于它赋予我们的相对优势而建构起一个关于安全的梦之国度。我们希望在社会地位和物质财富上有所收获，这种收获源于以下事实：随着时间的流逝，他人——有时正是我们被迫去比拼收入、比拼资源的那群人——会因为缺少我们所拥有的东西而不得不花费更多。我们还宽慰自己，一旦财产价值崩溃，将首先击垮那些资源更匮乏的人，他们的尸体会缓冲我们受到的冲击。

财产策略不只有一层。经济学家将财产策略带来的好处和租金联系在一起，后者是人们拥有某种稀缺财产时向使用它的人收取的附加价值，比如将自有公寓出租所获得的房租。而租客也可以尝试锁定一个低于市场价的租金，从而通过自己获得的价格保障实现租赁的价值。另一种收取租金的方式是集体的、间接的，那就是一个群体组织起来，为自己所属的族裔、宗教团体或是居住地争夺更好的公共服务以及其他公共资源。为了实现财产增值，人们可以调动经济、法律和政治资源，以限制房屋供应、学校、职业资格证、保险计划、信贷以及街区、城镇与国家的社

70

会、文化与物质基础设施，或是阻止一部分人用上这些资源。[16]

私人寻租的一种变体是社会保险制度。关于社会保险，有一种广为流传的误解，认为它或多或少站在财产所有权的反面，甚至是违反财产所有权的。但社会保险的设立是为了保障失业、患病或老年人群收入的持续性，使之渡过难关。正是由于这种支持，我们中的大部分人才会希望攒钱、投资财产、保护财产的价值并将其传给下一代。这种大范围地分担、降低风险的安排使我们得以在数十年内承受大笔按揭贷款的压力，而不用担心因为收入中断被埋在无力偿还的债务大山之下。社会保险也能够说服银行承担债务违约的风险，这种风险在广大人口的长期融资活动中十分普遍。只有当保险统筹计划为工薪家庭提供了安全网，从而提升了后者的信用，养老基金才会向银行和抵押贷款机构购买支付流。这正是历史上让发达经济体的人口能够大规模置办家庭财产的机制。[17]

*71*

不管我们喜不喜欢，所有这些策略都卷入了积累过程。如果我们拥有一件财产，我们就希望确保它不会大幅贬值，剥夺我们的安全感。因此，当一些人的事业追求可能会损害我们的财产价值时，我们必须保持警惕。我们还要关注另外一些力量，他们维持着经济学家所说的健康的增长率；我们寄希望于他们保护我们的财产，使之免遭经济停滞、通货膨胀和金融危机的毁灭性后果。对于那些偏爱通过社会保险以获得和保护财产的人来说，这一点同样成立。这些社会保险计划对财政压力高度敏感，一旦政府调整预算的优先级，他们将首当其冲。原则上，当我们以不同方式保护所有权，或是渴望拥有财产时，我们就和积累的过程处在一条船上。

社会学家斯特芬·茂（Steffen Mau）研究了二战以来的西欧社会，他展示了用于保障收入稳定的社会保险安排是如何让大部分人口有能力购买房屋、接受教育、为未来存钱和累积财产。[18] 随后，这些有文凭、有财产的劳动者学会了如何用自己的钱来投资，避免被税和通货膨胀夺走这些钱。他们还从财产和资产投资中获得了比工作收入增长更高的回报。其结果是，他们不再像过去那样支持社会保险安排，转而对便利和保护私人收租的政策日渐青睐。

72

人类学家提供了关于这些人口的细致分析。例如，他们展示了瑞典人在交易中对于开具收据的坚持是如何反映了维护福利国家制度基础的努力——一张收据能够表明国家收取了多少增值税。这种努力也反映在他们关于哪些人、哪些行为应当得到债务豁免的激烈辩论中，反映在将被视为流浪汉和寄生虫的人驱逐出自己所在社区的行动中。[19] 由于公共养老金体系的自由化，瑞典的风险分担安排遭到了严重的削弱，以至于瑞典人诉诸反抗，坚称他们在储蓄上尚不具备充分的自我管理能力。即便如此，许多瑞典人还是投身于财富的自我管理，购买股票、私人保险和房地产，推动了瑞典资产市场当前的蓬勃发展。[20]

*73* 相对而言，德国现收现付制的公共养老金体制更具韧性。这一体制，连同其他方面的社会保障安排，使德国当前的退休人员被称为该国现代史上最幸福的一群人。[21] 作为关于德国金融化的一项大型研究的一部分，我对一些新近退休的人做了访谈，探寻了他们对财产的追求和保护与中产阶级意识形态之间的关系。[22] 我发现，其中，拥有房产的人都是在组建家庭时借款买房，而没太在意价格的变动。对他们来说，房价波动总是发生得突如其来，他们既没有指望它发生，也没有做好准备。他们学习、训练的是自己感兴趣的专业，而没太考虑就业机会。他们靠文凭找到了工作，每当职业生涯中断时，他们可以借助失业保险、育儿福利和在培训计划中重回正轨。在他们的整个工作生涯里，从工资中自动扣减的金额不断增加，计入退休年金后，这笔财产在大部分情况下能够维持他们退休前的生活水平。这种生活水准随他们通过分级公共教育和培养方案等体制逐渐积累的资源而调整，由此形成的实行薪级

制的工作岗位促成了生活水准与期望值相协调。

74 德国实行的保护与扶持机制并没有将物质财富与职业资质在人群中催生的不平等降到最低。在保护机制与不平等的结合的鼓励下，人们把个人努力和投资看得很重，认为是这些因素造就了他们的不同命运与身份地位。许多人表示自己对于节俭很在行，少数人吹嘘自己从来没有贷款。有过贷款经历的人则强调，自己在还款这件事上是多么一丝不苟。所有人都觉得自己是自食其力的。没错，他们中的一些人从父母和银行那儿得到了资源，生活轻松了许多；但他们认为，这些因素和自己的奋斗相比几乎不值一提。公家出资的教育和培训、劳动保护与保险安排鼓励他们培养和应用自己的技能，但他们充其量只把这些体制视为背景因素，认为其作用不像他们的个人投入那样突出。那些在学校里表现出色、搭建了良好的社交网络、获得了职业技能并且买下了房子的人，到头来还是将财富的开拓归功于自己的聪明才智与决心。

一位退休的特殊教育老师的经历为此提供了一个很好的例子。除了些许退休金，他和妻子的全部财富都在他们的房子里。一旦需要特殊护理，他们可以把房子卖掉，还能从中赚点钱。这是一座谷仓改成的老房子，夫妻俩很早之前买下它的时候已经年久失修。买房时用了贷款，到接受访谈时已经基本还清了。他们一直等到丈夫拿到终身教职才去贷款，那时，他们已经能够向银行展示足额还款的能力。在家人和朋友的帮助下，他们翻修了房子，许多个周末和暑假都用在了房子的修理上。“我们通过自己的劳动创造了价值，”这位老师说，“而汗水没有白费——只有这样，我们才买得起这座房子。”

75

和很多来自相似社会背景的孩子一样，这位特教老师上的是职业学校，之后接受了印刷方面的培训，该工种如今已不复存在。工作之余，他在夜校获得了一张中学文凭，借此得以进入一所免学费的公立大学，进而成了一名教师——正是他一直想从事的职业。后来，他又充分利用了一个特殊教育方面的公共培训项目。凭借卓越的工作表现，多年以来，他承担了越来越重的责任，工资节节攀升。到了回顾一生的时候，他又提起了房子。“我们的生活水平有了稳定的提升，可以在这儿住下来，并且住得挺好，”他说，“我是修理工的儿子。今天，我是不折不扣的中产阶级。可如果当时在自己最初接受培训的工作上一直干下去，而不是主动求变，充分把握机会并且恪尽职守，我就不可能是今天的样子。”

当我向退休人员问起他们已经成年的孩子们时，情况就很不一样了——这些孩子大多处于困境之中。他们很难将和自己在德国战后变迁中接受的那种投资精神放在一起理解。他们认为，这类困境可能来自软弱和性格缺陷。和父母一代不同，这些孩子出身优渥，从来都未曾体会过金钱与辛苦工作的价值。面对消费主义五光十色的诱惑（孙辈们有多到难以置信的玩具可供挑选），他们会轻易地求助于贷款，而不是先把钱存起来。退休人员很强调他们向子女提供的帮助，有时会把这些帮助和他们本人自食其力的自豪感作对比。如果说他们对自己的未来有什么担忧，则是关乎集体层面的威胁，比如政治上的异动和公共养老金体系的压力。可一旦涉及对子女的担忧，他们又站在了风险分担与监管机制的对立面上，尽管正是这些机制确保了他们自身投资的价值。一对夫妇在柏林的公寓十年间价值翻了一倍，他们强调，“这种房地产泡沫对社会非常有害，但对我们的孩子们来说却是件好事：他们将继承到一笔自己迫切需要的丰厚财产。”

76

人们究竟是更偏爱公共风险分担还是私人寻租？答案不是放之四海而皆准的，因为二者在不同国民经济综合条件下的可行性也不尽相同。不变的是，财产——无论其价值是否得到保护——都会通过其拥有者或追求者的私人利益将他们和积累绑定在一起。我们对自己的财富负责，靠的是投资以及努力不让投资落空。当我们确信，相较于捂紧钱袋，投资能给自己带来更好的机遇以实现未来目标，我们就更倾向于忍受投资所蕴含的风险。我们期待自己的投资能取得高度可预期的结果。这些结果不一定要大于或等于原始价值，只要能满足我们对安全的追求就行了。

然而，如果经济增长是依靠永不休止的投资和冒险实现的，那么安全恰恰无法通过财产获得。在资本主义经济中，财产和广泛、持续的投资相辅相成：它从劳动者手中吸收资本，再将其输送到市场上。为了把每个人都诱惑进来，投资必须给出真金白银的回报。但正如弗兰克·奈特所暗示的那样，要让积累不受阻碍地持续下去，这些回报在政治上可接受的范围内必须是暂时、容易失去的。重点在于，他们不能容许我们停止投资，也绝不能容许我们中有太多人过上坐享其成的收租生活。

77

财产之所以能以这种方式发挥“诱饵”的作用，是因为这一概念具有抽象性。它既不是特定的一栋房子、一辆车、一个储蓄账户，也不是一张印着“美元”符号的纸，不是保险单或学历、职业证书。财产是将以上乃至其他事物包罗在内的一个笼统类别，是通往这些事物背后的市场价值的一把钥匙。但在资本主义制度下，价值在本质上是不稳定的。即便我们自以为了解名下财产的市场价值，我们也意识到该价值随时都可能发生变动，而我们对此基本无能为力。如果说财产是由其代表的价值所定义，那么，当我们拥有财产时，我们真正拥有的是所有人共同生产的成果的一小部分。每一部分都是相对于其他部分而言的，后者处于永恒的变动之中，在供给、需求等市场力量的作用下或是成倍增加，或是被分割，并由于影响市场交易与工作条件的社会与政治力量而盈亏不定。我们之所以投资财产，是因为它似乎以有形的方式储藏了我们赋予它的价值。但由于该价值事实上并不在我们掌控之中，这种“储藏”的表象只是一种错觉。

我们期待自己储藏下来的那部分价值相较于整体而言可以取得更大增长，至少别过度缩水。我们在力所能及的范围内试着使投资多样化，从而对冲风险。对于那些公认为最具保值潜力的财产，我们为之而奋斗、而投资，但凡得手，就不会轻易放手。一旦保值的前景存疑，我们又将目光转向财产赋予我们的相对优势，后者意味着我们可以在一个必须为收入和资源持续竞争的环境中掌握先机。一旦劳动收入与其他资源不再可靠或是陷入短缺，财产就会吸引我们，因为拥有较多财产的人比拥有较少财产的人更有优势。这些优势往往并不会随财产贬值而褪色。财产的相对价值所体现的竞争优势变成了真正的安全和富裕的替

78

代品。

接受“财产即安全”的错觉、渴望获得更多财产，很大程度上就像被“中产阶级”这一概念所迷惑，并为中产阶级的萎缩而怅然。上述两者都暗含了“自主的社会流动”这一观念，它在很多时候驱使人们投入同一种拼斗。人们耗费了太多社会与政治能量，试图降低那些决定我们生活成本的事物的价格。然而，房子、文凭和保险产品飞涨的价格却让越来越多的人望而却步。于是，要想达到“足够”的状态，就得付出更高的成本：上一代人所享受的生活水平，对这一代人来说已经难以企及。[23] 面对这种局面，一些政治上的右翼主张向“配得上”的劳动者提供信贷，帮助他们购买这些财产，同时将信誉相对不佳的人群排除在外。一些政治上的左翼则呼吁实行公共保障，帮助更多人达到置办财产的门槛，并站稳脚跟。但无论持何种立场，我们都会固执地回归到财产及其代表的价值这一主题。直到有一天，我们徒留一具空壳：它也许是一间房子，其价值已经赶不上需要偿还的按揭贷款；也许是一笔养老金，我们靠它只能过着困顿的老年生活；也许是一张文凭或职业资格证，换不来一份体面的工作。我们执迷于财产的审慎魅力，一往无前；然而，我们为了维系价值却不得不付出的投资以及用有形的储藏方式不停地进行小修小补。

财产价值不稳定的一个副作用就是炫耀式消费的复兴。通常来说，消费和财产所有权是背道而驰的。大多数人只有牺牲眼前的消费，才能通过积蓄或者贷款来获得一些昂贵的财产，包括房子、养老金计划和学位。因此，靠奢侈消费区别于普罗大众一般不被视为中产阶级式的行为，而更多和低收入人群中相对成功的个体联系在一起。有解释认为，底子薄的人更需要通过物质消费显示自己的相对发达。[24] 然而，一旦自诩为中产阶级的人们也得在普遍的脆弱状态下生活，情势就倒转了过来。雷切尔·海曼（Rachel Heiman）在她关于美国郊区居民的民族志研究中发现，这些居民将不安全感转化为炫耀式的消费，包括添置越野车（SUV）、高端运动器材、越来越大的房子和吸引眼球的建筑装饰。[25] 脆弱的个人成功驱使他们花大力气来粉饰门面。

财产所有权的批评者有时会发出警告，提醒人们关注财产集中于少数人所带来的社会与经济代价，并呼吁对财产进行平等分配。一个最近的例子就是托马斯·皮凯蒂（Thomas Piketty）广为流传的著作《21 世纪资本论》（*Capital in the Twenty-First Century*）。[26] 皮凯蒂解释了，除了二战后的几十年外，财产收益是如何在现代资本主义的

80

每一个阶段都超过了同期由工资水平所间接反映的经济增长率。[27]简单来说，长期以来，财产所产生的货币价值都要大于劳动所产生的货币价值。和有财产的同龄人相比，没有财产的人需要支付更高的租金，工作挣到的钱也少于前者的财产性收入。改善未来前景对他们来说更为艰难，而财产拥有者则可以将资源保存下来、传给自己的子女，借此帮助他们取得更多财富。其结果是，财富向特权阶层集中，社会趋于不平等和僵化。当获得财产的途径及其提供的向上流动的机会有限时，创业者就变成了收租者，大部分人口失去了投资的本钱，经济增长则陷入疲软。

皮凯蒂对不平等的揭露及其对财产征税的主张已经得到了充分的认可与审视。但人们很少在他的论述中注意到一条特别的脉络，那就是财产价值不断走高的波动率。皮凯蒂对奥诺雷·德·巴尔扎克（Honoré de Balzac）和简·奥斯汀（Jane Austen）创作于十九世纪的小说做了番拆解，以展示在极端的食利阶级社会（rentier societies）中，对劳动的蔑视、对可以通过继承或嫁娶得到的土地的追求为什么是一件合理的事。财产带来的回报远超劳动收入，这为小说中对执迷于婚姻的女主角们相关的描写增加了可信度。在那个尚未发生通货膨胀的时代，财产的价值也足够稳定，可以产生持续稳定的收入。十九世纪的小说

81

家们会标注各种东西的价格，假定它们不会随着时过境迁而改变。今天，财产确实是更集中、更有利可图了，但和十九世纪相比，它们也更容易变化起伏。一叠一叠的钞票很可能就在我们眼前蒸发，除非人们对其善加管理和再投资。皮凯蒂提出了这种波动性的重要，却又立刻跳过了它；他声称，坐拥巨额财富的人们可以通过多样化投资来对冲风险。或许确实如此，但对于绝大部分劳动者来说，他们拥有的财产依然是相对刚性和单一的。这些财产很容易受到价值波动的影响，而无法转化为安全的保证。

皮凯蒂的论述显示了一种普遍的关切，它着重于财产所有权的不均衡分布造成的不平等。对于人们拥有何种财产、多少财产所造成的社会影响，研究者们会基于这样一个假定展开讨论，那就是：财产的价格越高，能获益的人就越少。但他们没有花相同的工夫，来关心财产价值的形成过程。这并不是说，不平等不重要或者没有加剧——它必然是重要的，也无疑是加剧了。但至少就美国而言，过去几十年间，收入的波动幅度比不平等的变化更剧烈，而美国的情况可以说代表了遍及其他经济体的一种趋势。[28] 不稳定的收入，包括财产带来的租金与收益，理应使人们更密切地审视价值与积累之间的关系。

对所有权不平等的关切有时会引发针对精英富人的憎 82

恨，但抗议与改革如果仅仅聚焦于财富的分配，而不去改变生产与再生产的条件，那么这些行动的意义也就止步于此了。我们当中，有些人把时间更多花在规划前程、关爱亲人，而不是变革社会上。对这样一群人来说，对不平等及其后果的高度警觉所引发的，要么是一心一意地投资财产、维持运转，即便这些努力会适得其反；要么是促进旨在提升公共财产价值的社会投资，即便这类投资在人们之间建立的纽带不过是工具性的，亦是脆弱的；还可能是争相通过租金来固化相较于他人的优势，避免掉队，即便这种行为会火上浇油，加剧我们在同一个目标上的竞争压力，而并不会带来太多的安全感。

如今，金融市场正在以一种远不如过去那样符合直觉的方式，决定着我们完全或部分拥有的万事万物的价格。银行通过房屋按揭贷款，将我们的财产一小块、一小块地分解开来，再将它们作为细分投资产品捆绑销售。保险公司、养老基金、共同基金和私募公司等机构投资者将我们的存款募集起来，投资这些金融产品和其他业务。由此，他们绑定了我们的利益，通过大规模投资强化了金融的支配地位。[29] 不同于传统意义上的财产所有者，我们已普遍成为经济的利益相关者（stakeholder）。这种身份有时是字面意义上的，我们拥有由公司股份和捆绑收入构成的投资

83

组合；有时则是间接意义上的，这种情况下，我们通过按揭购房、理财储蓄成了经济的利益攸关方。作为无足轻重的小业主，我们的财富将取决于诸如公司利润和账户余额的利息增长这样的事情。

通过资本市场聚拢我们的投资，是为了减少在积累的意义上属于浪费的私人财产囤积，也是为了降低资本创利流动的壁垒。我们拥有的财产被分解为一个个抽象的组成部分，投资于经济活动，任其寻觅最高的回报率，同时也要承受亏损的风险。即便我们从未插手干预，这一切也会自然而然地发生。在此过程中，工作被置于越来越大的压力之下，必须提高生产力以提供股东们索取的回报。工作的生产力越高，生产相同数量的商品所需的工作时间就越少。随之而来的就是常规的资本主义动态（capitalist dynamic），劳动人口的增长速度高于有酬就业的增长速度，继而要面对由于缺乏有利可图的投资机会而处于闲置状态的资本。利润的增长得益于狂热的投资，而这些投资的总价值并不能以我们可以实际使用的东西的形态重新进入社会。这种不平衡导致了金融危机，使我们的财产与投资的价值遭遇灭顶之灾。[30]

我们已不再是均一、稳定而有形的财产的私有者。今天，如果幸运的话，我们可以成为金融产品的集体投资

84

者，这些产品将碎片化的财产打包起来，其价值随着更为宏观的积累趋势而波动。我们的房子、文凭、保险单和养老储蓄似乎都是“安全”的完美象征。然而，它们所促成的投资却反过来摧毁了这种所谓的“安全”的根基。他们阻碍了其余替代性的保障工具，包括稳定的工资收入、全面的社会保险以及分布广泛的公共资源。一边是我们将自己拥有的资源托付给金融市场，另一边则是市场波动性和我们面临的风险不断升高。当我们在筹划未来时需要应对的变数与日俱增，我们被迫追加财产投资，希望借此渡过风浪。失去了其他安全网，这便成了我们仅存的避险之策。

我们为追求安全与幸福而采取的种种财产策略具有内在的强制性并且自相矛盾，这些本质在金融化中体现得淋漓尽致。人类学家研究了被称为“全球新中产阶级”的群体，从他们的挣扎中观察到了这一点。这种挣扎处境在那些曾经长期排斥私有财产、如今又将其重新引入的地区尤为明显。以中国为例，公共住房的凋零与随之而来的商品化房地产的崛起将市民围聚在小区里，这些小区在质量和设施上都表现出阶层的分化。于是，越来越多的人认为存在一种新中产阶层（new middle class）——在中文里，这一术语由“新的”“中等”“财产”和“层级”组成。属于该阶层的业主采用了种种消费策略，使自己区别于投资较少的人群，并且组织起来排斥外人，以强化他们在居住上的特权。在不安全感的驱使下，他们加倍努力地维护自己通过房地产私有化获取的资源。[31] 至于其他储户，由于房价高企、通货膨胀造成的财富缩水以及对货币贬值、变化无常的市场走向乃至国家干预的担忧，他们被迫费尽心力，为自己的钱财另寻寄托。这些储户选择了财富管理服务和金融产品，却未能从中获利，有时甚至还要蒙受损失。但和买房族一样，他们在希望与绝望的交织中执着坚持。[32]

85

后社会主义时期的罗马尼亚为财产策略的自相矛盾提供了另一个例证。社会主义体制瓦解后，罗马尼亚将土地归还给了原先的所有者，但土地的严重贬值使他们成了预算的无底洞。即便开垦成本到头来超过了购买相应农产品的价格，领到地的民众仍被要求开垦这些土地。受困于风险与债务的民众最终将其财产用于争取社会地位而非物质生活安全感。同样的，人们在卡里塔斯（Caritas）金字塔骗局中暂时积累到的利益最终也成了一场空。1990 年代早期，这场骗局在罗马尼亚掀起了一场投资狂潮，在后面支撑这股投资热的正是关于“新中产阶级正在形成”的街谈巷议。急剧通胀的背景凸显了卡里塔斯公司的投资吸引力，由于这场通胀，人们的毕生积蓄沦为了一张张废纸。

86

在卡里塔斯的影响下，罗马尼亚人接受了观念上的两重转变：其一，从“经济由政治家计划和管理”向“经济通过抽象力量运行”转变；其二，从“工作是唯一正当的收入来源”向“金钱通过金融循环自我增殖”转变。没有人知道自己的投资将如何开花结果，但人们依然被训练着相信在他们身后运行的市场，乃至将自己的积蓄交托给它。当这场骗局最终破产，他们还懂得了，投出去的积蓄有可能打水漂。只是这一次，他们再也不能将失败归咎于某个政治领导层，而只能归咎于自己的决策失误。[33]

当我们跟随人类学家的目光，将焦点转向罗马尼亚这些晚近才重新引入私有财产的国家，我们也能够更敏锐地洞察其他地方已经运转了数十年的财产策略。父辈、祖辈向我们展示了许多关于成功的故事，他们依靠自己获得的有形与无形资产提升了社会地位。这种故事赋予了财产一种坚实可靠的表象。然而，这一表象背后如影随形的保险产品、货币贬值、金融危机以及经济的大起大落却提醒了我们，财产的根基实际上是多么脆弱。如今，我们不再像曾经的父母一样，在签下为期三十年的按揭时踌躇满志；类似的，无论我们多么谨慎地未雨绸缪，也无法对想象中的晚年境况抱有过分的乐观。不管我们在这些事情上寄予了何种希冀与梦想，我们同时也心怀恐惧，害怕对这些事

87

的轻忽怠慢会使自己的前途陷入黯淡。作为意识形态而言，“私有财产确实是个好东西”，正如“广大的中产阶级是国民自力更生的基石”，可以说是风光不再。但纵使我们成了更心灰意冷的投资者，我们也依然是投资者：我们仍在戴着镣铐跳舞，只是这些镣铐比过去更清晰地显现在我们面前。

# 第 3 章

## 太人性的

[88] 在关于美国郊区问题的研究中，赫伯特·甘斯（Herbet J. Gans）1967 年出版的《莱维特镇的居民》（*The Levittowners*）可谓声誉卓著。甘斯将自己置于新泽西州新开发的郊区莱维特镇，描述了该镇居民在一系列项目和共同关切上展现出的组织能量，从而颠覆了人们对战后美国郊区的一种流行想象：同质化，且循规蹈矩。然而，甘斯在莱维特镇家庭、社会与宗教生活中发现的多样性，却在教育问题上演变为更极化的立场。该镇的主要吸引力在于它所提供的居者有其屋的机会。起初，居民们并不关心学校的问题，他们相信，学校会像他们的新邻居一样令人满意，左邻右舍的孩子们会在其中共同成长。可是，邻里之间的差异虽然不会过多写在私人所有的房子上，却会表现在学校上。很快，条件更优越的家庭开始将子女送进附近他们认为更高档的私立学校，打响了私人教育投资的发令枪。这种竞争背离了社区精神。在该书 1982 年的重印版中，[89] 甘斯描述了他是如何在二十年后走访当初进行田野调查的

莱维特镇，发现“现在的社区看起来就像是一个个完全只顾自己的独立家庭，和美国其他任何地方的中产阶级没什么区别”[1]。

教育究竟是如何提升了中产阶级的自利意识？在前一章中，我描述了私有财产制度如何促使劳动者投资于它所代表的安全感。在这种环境中，每个人都必须去争取某些被赋予了稀缺性的资源。接着，金融市场促成了这种投资，而金融市场的发展恰恰导致了那些本可帮助人们如愿以偿获得安全感的条件不再稳固。在本章中，我想揭示的是，那种对劳动者通过置办家产所获得的价值形成威胁的力量是如何重新激发了劳动者对人力资本的投资。社区成员走到一起，是为了积累物质与人力资源的优势，以及促进两者相互转化，从而充分利用他们占有的一切。然而，这种行动力背后的投资压力也加剧了社区成员内部的竞争，使每个家庭都成了一座孤岛，有时甚至会在家庭之间造成对立，进而耗尽他们本都拥有的资源。与此同时，在追求人力资本的过程中将家庭成员团结在一起的纽带也被调动起来，服务于更广泛的经济积累过程。于是，我们可以从家庭纽带中看到，这些投资的回报最终是如何在经年累月的消耗中变得不再可靠、不再充足。

90 为了展开这一论点，我将从自己的民族志研究经历说起。读研究生时，我开始研究位于约旦河西岸（West Bank）的两个犹太人定居点，一个普遍信仰民族宗教，名为伯特利（Beit-El）；另一个更大、宗教也更多元，名为阿里埃勒（Ariel）。对于这些被安插在以色列自1967年以来占领的巴勒斯坦城镇之间的定居点，人们通常会从政治层面理解，认为其中的居民是占领计划有预谋的执行者，也是殖民冲动的实践者。强调利益动机的评论者则认为，定居者们追求的不过是私人住宅，它们在以色列核心城市贵到高不可攀。而根据我自己的观察，定居者迁徙到约旦河西岸的动机带有更多变的因素：希望打造一个新的天地，希望与志趣相同的人共同生活，希望提升生活品质，对社会事务享有发言权，在一个合适的环境中实现个人价值，并将其传承给下一代。在我开展研究的时候，定居点居民与同样生活在约旦河西岸、受定居点扩建影响资源日趋枯竭的巴勒斯坦人之间仍处于相互隔绝的状态。在这些占领来的空间里，他们可以从政治之外的角度思考如何实现上述目标。[2]

正如在莱维特镇那样，教育是约旦河西岸定居点发展的一大原因和转折点。定居点的教育事业于1970和1980年代起飞，在此之前，由于政策制定者将贫困儿童收进了公立学校，却没有为此提供足够的预算支持，以色列公立学校系统的教育水准出现了下滑。而在遥远的定居点，新成立的学校享有更充足的公共预算，又用在更少的学生身上，而且这些学生背后站着的都是有魄力、也有资本为子女的未来而搬家的父母。和我聊过的大部分定居者都很开诚布公地解释说，搬到约旦河西岸就是为子女的教育做出的投资。

91

为了更好地实现这一目标，许多定居点在一开始都设有筛选机制，以确保居民至少拥有一些私人资源和权力，可以为这里的私人房屋建设项目增加公共补贴，营造生机勃勃的社区。早期的定居者在物质上相当自在，可以不搞消费主义的做派，而将自己展现为举足轻重的拓荒者与政治行动者。他们把自己在耶路撒冷和特拉维夫挣到的钱转移到内陆新开发的郊区，从而得以在一个更好的环境中抚养子女，使其接受良好的教育。先不考虑巴勒斯坦人为此承受的代价，在这里，定居者的社会、道德与宗教价值观都得到充分的尊重，有时还能得到专门面向社区提供的工作机会与荣誉作为奖赏。

但当我搬进自己在约旦河西岸的第一间公寓时，以色列早已像大多数发达资本主义国家那样，按照市场主导的路线完成了经济转型。公共事业与服务的削减影响了整个国家，即便定居点享有特殊补贴，也未能幸免。公共开支的削减意味着，随着街区、学校以及其他公共机构越发拥挤，定居点既有基础设施的使用也越发紧张。加之公共资源缩减、有酬就业压力增大，约旦河西岸定居者将物质条件转化为社会地位的能力已被消耗殆尽。

外部压力造成了内部紧张。在伯特利，第二代定居者对他们的父母一直献身的集体精神不屑一顾。他们要么彻底远离物质上的安逸，转而到山顶的营地中寻求苦行式的精神满足*，要么通过以色列主流的就业、居住和消费方式争取自我实现。相应地，他们的父母或是埋怨自己没能让子女过上无需自我节制的生活，或是庆幸自己为子女提供了独立生存的本钱（只要子女的生活方式和他们没差太远）。在阿里埃勒，昔日的团队精神已经让位于咄咄逼人的实用主义。每个家庭都在争抢专项资金和捐赠，与相似的家庭争夺更优越的教育和住房条件，并对新居民心生反感。这些新居民包括 1980 年代中期迁入的较贫困人口，

92

* 自 1990 年代末开始，一些以色列青年陆续在约旦河西岸的丘陵地区驻扎下来，垦殖、居住，扩大以色列人在约旦河西岸的势力范围，其间不时与周边的巴勒斯坦人社区发生冲突。与定居点不同，这些营地的合法性通常不受以色列官方承认。许多评论者认为，“山顶青年”（Hilltop Youth）是一群极端的宗教民族主义者；本书作者另有论文指出，“第二代定居者”面临的社会经济矛盾驱使他们走上了与父辈不同的道路：或是更为自利，或是更为激进。参见：H. Weiss, “Volatile Investments and Unruly Youth in a West Bank Settlement,” Journal of Youth Studies, 2010, 13(1), 17-33。——译者注

以及 1990 年代早期迁入的说俄语的移民。他们的到来使老居民的房产面临贬值的压力。

对定居点的关注常常聚焦于其物质性方面，可以说，我对上述进程的分析提供了一种相反的视角。[3] 在我开展田野调查时，以色列从加沙地带“脱离接触”（disengagement）* 后推土机拆除当地定居点房屋的画面依然清晰地留在人们的脑海中。对于约旦河西岸定居点的物理存在以及定居者的财产权，一时争论不休。尽管国家有某些更宏大的意图，我却通过观察意识到，物质、社会与人的因素是不可分割的。过去，物质享受、丰富的社会生活与良好的教育文化设施在此交汇，吸引人们来到定居点。经济压力阻滞了这些因素的交汇，瓦解了定居者彼此之间的纽带，使他们——用甘斯的话说——成了一个个完全只顾自己的独立家庭，和以色列其他任何地方的中产阶级没什么区别。

93

在观察中，我还意识到，家庭内部的动态对定居点生活具有始料未及的意义。第一代定居者希望通过子女的人生实现自己的理想，无论这种理想有多么模糊。他们认

* 1967 年第三次中东战争后，以色列军事占领了约旦河西岸和加沙地带这两个巴勒斯坦人聚居的地区，并在其中建立了众多犹太人定居点。2005 年，以色列拆除了在加沙地带的多个定居点，撤离了军队，但依然控制着加沙地带的空域和几个重要口岸。——译者注

为，下一代的选择正反映着他们自身的选择。因此，下一代的任性而为在情感上是难以接受的：在父母们看来，这些选择或是兑现了“搬到约旦河西岸”这笔在子女身上的投资，或是让当初的投资失去了意义。田野调查期间，我并未思考，上述紧张关系代表了一些更广泛的趋势，我们可以从中看到那些通常和中产阶级相关的投资所具有的特点。现在，我将沿着这条进路探讨下去。

努力取得文凭、培养技能、获得职业资格、搭建社交网络与人脉，是我们为自己的未来所做的最主要的投资。正如储蓄、保险、房产和其他资产一样，我们在其中寄予了实现投资价值的期望，具体来说就是：一旦遇到工资收入断流的情况，这些投资能帮我们一把。但如今，我们的积蓄经过银行、养老基金和保险公司的捆绑、分割，又被吸收进资本的全球流通。这些机构的金融中介作用将我们作为劳动者——同时也作为财产所有者——的利益与金融主导的经济增长相挂钩，后者承诺会保护乃至提升我们手中财产的价值。我们，以及其他同样被这种增长模式束缚的财产所有者，就这样暂时站在了同一条阵线上。

94

政客们向他们口中的中产阶级选民直接发声，后者通常是一群通过储蓄和贷款为将来做打算的劳动者。政客们承诺，他们将依靠稳定的经济以及房地产、工商业、银行业、保险业和养老金体系的可持续增长，保护这些劳动者的财产利益。当这些政策方针需要预算削减、裁员和紧缩措施的配合时，政客们的呼吁就更为坚决，而这些举措伤害的恰恰是政客们声称自己代表的那些民众的利益。随着上述压力加剧、其他安全网被撤销，私有财产的重要性扶摇直上。

面对这些压力，我们中有些人选择诉诸共同努力，以保证全体国民都能获得并持续享有通向财产的路径，例如坚持要求为收入提供公共保障，分担风险，以及提供信贷。另有一些人结成更封闭的群体，通过土地利用区划制度确保周边居民的收入超过一定水平，或是主张国家实行更严格的社保与税收法规，使我们无需为风险更高的人群买单，从而保护、提升我们手中财产的价值。

不过，还有一种资产组（asset group）将我们分隔为彼此竞争的对手。这种竞争关系，就其严格程度而言，有甚于物质财产相关的竞争；就其普遍程度而言，有甚于同一资产组带来的同盟与合作关系。经济学家们按照诺贝尔奖得主加里·贝克尔（Gary Becker）的理论，将其称为人力资本（human capital）。人力资本包含了我们为从劳动、财产和社会交往中获取更大价值而进行的投资所产生的一切非物质力量，其中可能包括文凭与职业资格、丰富而实

95

用的阅历、强健的意志与体格、优秀且多样的技能、杰出的社会地位以及神通广大的人脉关系。这些资源之所以用“人力”（human）来修饰，是因为他们成了我们自身人格的一部分：一种我们借以认识自身、并为实现自身利益而运用的能力。

除了外貌、智力或天赋才能这些先天决定的个人因素，以及生而属于一个优越、受人尊敬的社会群体的运气，人力资本最初、可以说也最重要的来源就是所谓的中产阶级家庭。中产家庭的父母有条件在物质、情感和智力上支持孩子，为他们提供健康成长的环境，丰富他们的阅历，培养他们的技能，保证他们接受良好的教育，并帮助他们发挥出教育方面的优势。正是在人力资本投资这层意义上，家庭才被当成“中产阶级的摇篮”，中产家庭才被称作“野心的苗圃”。[4]

在中产阶级意识形态的组成部分中，人力资本的角色甚至比物质形式的财产更鲜明，原因在于其与投资精神的高度共鸣。金钱或房产与其拥有者之间的联系很有限。它们可以一代一代地传下去，至少可以使继承者少花一点力气。相反，人力资本是不可转让的，它是独属于每个个体的成就。父母们所做的是运用他们自身的物质与人力资源，让孩子赢在起跑线上，并为他们提供一个坚实的跳板，以更好地参与竞争，形成自身的技能、品位与人脉关系。由于只有价值足够高的技能与人脉才可能为个体带来实实在在的回报，它们更多是一种前瞻性的资源，而非本身便可创造利润的资产。这种前瞻性具体表现在，人力资本驱动着人们带着对计划中的回报的预期，付出对中产阶级来说稀松平常的额外劳动、时间和资源；他们受到这样一种信念的鼓舞，那就是，一个人的命运正取决于这些付出。

根据对人力资本的重视程度，人们常常将新中产阶级与旧中产阶级相区分。在发达经济体，一波接一波的经济转型破坏了财产价值的稳定性，减少了拥有财产的机会，或是削弱了财产所有者靠租金与投资收益赚钱的能力。相对富裕的社会成员转而通过其他方式巩固、维持他们的优势；具体来说，就是将他们获得的物质财富转化为社会地位，以及为子女提供接受更优质教育的特权。在那些标榜拥有新中产阶级的国家，都出现过一种历史性的转折，并由此孕育了所谓的新中产阶级。这场转折的一头是拥有财产的旧时代精英，另一头则是一个关于社会流动的承诺，它让人们相信，职业技能与教育可以带来社会地位的跃升。[5] 有时，这个新时代也被称为一个优绩主义的时代。这一称谓暗示，过去只垂青富家子弟的社会而今已向任何

97

有头脑、有胆略的人敞开大门。人们预期，发挥这些品质终将获得回报；因此，新的体制鼓励着全民投资。

人力资本制度加剧了投资压力，不仅是因为它对每个人来说都是一局贯穿整个人生的新游戏；另一个重要的原因是，这些投资可能永无止境。人人都在某些方面、某种程度上拥有人力资本，有机会借此在社会、尤其在就业市场上占据优势。和物质资本相反，人力资本是无限量的。然而，它的价值始终只是相对于其他人投入的人力资本而言的。因此，人力资本具有不断升级的内在趋势：无论我在某方面做得多好，总是人外有人，一旦与后者陷入竞争，我就会处于下风。于是，我们不得不持续进行人力资本的投资，与其说是为了取得进步，不如说是为了避免掉队。我们的经济体系之所以能够运行，靠的是竭尽各种资源、持续进行的竞争性投资所创造的价值；对于这样一个体系而言，人力资本是一种无价之宝。

98

对于人力资本在社会生活中的主导性，已经有人提出了批评，因为人力资本的积累机制并不全然符合理想中的优绩主义。在机会平等的表象背后，是占据支配地位的特权和愈演愈烈的不平等。对此，社会学家皮埃尔·布迪厄（Pierre Bourdieu）给出了最强有力的论述。布迪厄分析，当人们通过学校教育和文化生活将家庭赋予的条件用于积累更大的相对优势时，他们是如何日渐巩固了既有的优势地位。[6]

具体说来，中小学与高等院校将儿童时期积累的有利条件转化为成功的催化剂。如果我们生来享有特权，就会被送进更好的学校。带着家教的熏陶和家人的期望，我们也会在校园生活中得心应手，树立自信，从而更轻松地越过前进道路上的障碍，不会像准备相对不足的学生那样磕磕绊绊，并因此灰心丧气。凭借出色的成绩，我们可以进入更优秀的大学，半只手摸到了含金量更高的文凭与职业资格。这些资质可以帮助我们找到更好的工作，拿到更高的收入，如果钱用对了地方，还可以让我们搬进更好的学区、与社会地位相似的人成为邻居，进而将我们的有利条件传给下一代。

与此同时，社会、家庭与教育方面的一系列有利条件也使我们有时间、有资源、能够通过恰当的训练来培养对艺术、文学与音乐形式的鉴赏力。同样珍视这些艺术形式的，是一群和我们背景相似的人。能够“领会”到一些条件不够优越的人无法“领会”的意味，这种能力已然承载了社会甚至道德上的意义，彰显着我们的高雅品味。只有少数人有幸接受文化生活的长年熏陶，锻造出社会高度认可的品味、习惯与感受力，从而更容易被上流圈子所接

99

纳。这些品味、习惯和感受力还暗示了丰富的见识，后者对一些职位起关键作用，也是我们争取这些职位的敲门砖。一旦我们将自己的文化素养转化为备受尊敬的职业，我们获得的成功就会带有一种风雅的光晕，仿佛在向周围的世界宣布：这些都是我们应得的。

人力资本的积累效应是不平等现象的罪魁祸首之一。我们如果希望生活在一个为所有成员的自我发展提供平等机会的社会，就应当解决这个问题。但这类积累效应也会转移我们的视线，使我们忽略有关人力资本的一个更深层次的问题：即便对出身最好的人来说，人力资本所服务的积累过程也会妨碍他们达成自己的目标。当社会中的一切生产都不是用来满足共同的需要与欲求，而是为了通过人们的无偿劳动与投资产生剩余，人力资本是否人性（humanity）就成了一个问题。

批判理论家莫伊舍·普殊同（Moishe Postone）打通了物质与人力两方面的联系。他指出，竞争性的积累生产过程不仅创造了丰富的商品，也迅速扩充了生产这些商品所需的知识与技术。[7]生产者们试图通过提高他们管理的劳动活动的生产力来超越其他竞争者。要做到这一点，一种办法是寻求技术创新，提高企业组织效率；但还有一种方法，就是提升工人的技能。通过所有这些策略，生产者

*100*

可以按当前的标准向工人支付薪水，同时从他们的工作中获取更多的价值。然而，他们赢得的优势不会长久维持下去。在竞争机制下，其他生产者为了追赶领先者会效仿最行之有效的策略，从而刷新了社会生产力水平。竞争永无止境，技术与组织的革新、技能的提升总会迎来新一轮的较量。

这种竞争的后果就是生产力的普遍提高，以及由此造成的商品贬值。食物、住房、教育以及其他货物与服务，这些事关社会基本生活水平的商品都会因此而低廉化。同样低廉化的还有生产性劳动的各个组成部分，即技能、文凭乃至人力资源的其他所有构成要素，它们的生产成本也在降低。无论雇主为这些技能开出怎样的工资单，它们的价值都不及它们参与创造的商品的价值。换言之，被我们当作个人品质、成就的种种人力资本都会随着积累过程而贬值，从而耗竭我们的人性。

人性的耗竭集中体现在将人的技能、品位与能力统称为资本：它是生产过程中的一种资源，如何发展、用于何处都不由我们掌控。只有在资本主义生产的语境中，“人力资本”这一范畴才有意义。正是资本主义生产动态将社会关系、技能、品位与能力都转化为标准化、可度量的单元，使之能与他人掌握的人力资本及其他以物质形式呈现

101

的资本相比较，进而被后者所替代。布迪厄将这种特征称为相互转换性（inter-convertibility）。他的意思是，只要法律、经济与教育结构将人力与物质资本的各个组成部分等量齐观，两者就可以相互转换。如今，我们用变现（capitalizing）来描述这一现象，比如“技能变现”和“关系变现”。举例来说，我们可以将良好的成长环境变现为名牌大学的学位；将学位与相应的技能变现为报酬丰厚的工作；将工作收入变现为充足的银行信贷；再将银行信贷变现，在一个前景可期的社区买下有升值潜力的房产；将房子的区位变现，获得有用的人脉关系和子女的教育优势。

但是，像资本主义这样的剩余积累系统会阻止投资获得与其完整价值相匹配的回报，由此实现该系统的自我复制。一旦人力或物质资本无法通过转化为等价物而顺利、充分地完成变现，我们就会发现价值被剥削的痕迹。人们很难找到赚钱的工作和价值坚挺的财产，这对那些拥有海量人力资本的人来说也并非易事。反过来，再富有的人也无法轻而易举地买来名声。他们需要为漫长的教育和教养过程付出大量投资，以获取一些不那么富有的人可能已经拥有的人力资本。尽管如此，人们并未停止对人力和物质资本的投资，其竞争反而越发激烈，战场也越发宽广。在这样一种环境中，每个人都被迫做出更大、更频繁的牺牲，换来的则是没有定数的回报。

102 社会学家哈特穆特·罗萨（Hartmut Rosa）从“加速”的角度定义了这种环境：经验和既有知识很快就会过时，以至于几乎不可能预测哪些人脉和行动机会对未来是重要的。他将这种状态称为“滑坡”（slippery slope）——人们在其中不可能保持静止状态。谁要是做不到不断努力、紧跟时代，就会发现，自己的语言、着装、通讯录、社会知识、技能、家当和退休基金都将变得不合时宜。[8] 面对投资贬值的压力，我们别无选择，只能在其他东西上继续加大投资。但即使我们不断追加的人力资本投资收到了成效，更大的可能是，它们只会给我们赢得某种社会信用或声望，能否将其悉数兑现则尚未可知。

如今，无法兑现这些社会信用与声望正在成为更普遍的情况。这方面的例子比比皆是，但请允许我沿用布迪厄的框架，谈谈教育乃至文化。如果说，我们从学校、大学获得的文凭曾经是赚钱工作的敲门砖，那么现在它们肯定不是了。教育和培训项目通过资格认证来维持收入。它们将普罗大众排除在特定职业等级之外，仅向少数人开放机会，并要求付出具有定界作用的投资。然而，志向远大的新人、为同一个职位展开教育与职业竞争的人站在相反的立场上，也施加了越来越大的压力。受其影响，过去约半个世纪，不少发达经济体的就业市场都出现了文凭的通货膨胀。文凭不再能保证高收入，因为相较于理想的就业机会，文凭实在是太多了。[9]

103

与此同时，由于企业承受着通过持续创新与快速应变来保持盈利的压力，生产过程的弹性大大提升，就业市场的稳定性显著下降，以至于技能很快就会过时，既有的资历与新的要求不相适应，我们为时下流行的实习与培训课程付出了许多之后，却发现换不来工作机会。要满足不断变化的工作要求，就必须在职业技能的投资上做到又杂又精。职业阶梯不复存在，在新的职场格局中，薪酬与绩效挂钩，工作机会与累积的年资和地位脱钩。新的弹性、创意类工作仅仅是松散地与声望和报酬相关。文凭成了营利性的投资产品，迎合着消费者对他们的需求，这种需求偏离了就业市场的格局，很大程度上也超出了市场所能提供的就业机会。既然文凭无法带来稳定的收入，那就意味着，越来越多的有志青年掉进了自己挖的坑里：为学业背上了贷款，把贷款还清的机会却很渺茫。[10]

文化素养的制度化与教育有所不同，但它们面临的困境是相似的。曾经，一个人的身份地位或许正如布迪厄所描述的那样具有可预测性：时间、金钱可以买来文化熏陶和教养，赋予个体一套文雅的言谈举止，由此巩固了作为

104

文化鉴赏家的优越性。然而，所谓的高雅文化已无法继续提供可预期的回报，对它的趋之若鹜有时正如对财产的追求那样，看起来不过是不得已而为之。二战后的批判理论家西奥多·阿多诺（Theodor Adorno）和马克斯·霍克海默（Max Horkheimer）曾长期惊讶于这一现象：人们争相在文化活动中抢占一席之地，害怕自己错过某种机会，却不知道这种机会究竟是什么。他们警告说，我们自以为在消费具有不言自明的价值的文化，其结果却是自讨苦吃。[11]

满腹牢骚的评论家们哀叹道，多年熏陶而成的文化素养正在不断贬值。他们抱怨早熟的孩子们只会追随同龄人的潮流来衡量自己，也抱怨某种文化使我们丧失了通过深厚的阅历、文雅的品味和缓慢的愉悦方能表现出的成熟。[12] 另一些人则宣称，势利的时代已告终结：如今，要想展现文化功底，从而在上流圈子里博得赞赏，我们必须变得包容甚至杂食。我们再也不能仗着早年培养的品味吃老本。相反，我们必须通过多样化来跟上时代，能用流行歌曲调和对古典乐的审美，也能用最新的畅销书来平衡对文学经典的熟稔。只有持续观看、聆听、阅读和学习——也就是再投资——我们才有可能对别人新抛出的梗报以心领神会的反应。正如金融化财产的情况一样，坚持不懈的投资或许可以使我们避免掉队，但即便如此，我

105

们也无从保证自己的努力终能结出硕果。[13]

当我们将自己所做的牺牲正当化为积累人力资本的必要条件时，上述现实就在我们眼皮底下消失不见了。经济学家喜欢“人力资本”这个术语，因为它制造了这样一种印象，仿佛我们全都是准资本家，在交换和最大限度地利用自己可支配的资源。由此引出的一层意思便是，如果我们贫穷、无业或是处于其他困境，那只能怪我们在教育和技能发展方面的投资不足。我们掌握的技能的价值攸关自身利益，因为，正是这些技能在定义着我们的身份。我们的社会等级（以及我们的自我认知）反映在这些文化、教育与社会成就上，也反映在随之形成的自信心上。[14] 于是，人力资本将我们与积累过程紧密联系在一起，这种积累过程根据品位、技能对盈利能力的影响判定他们的价值。正如“人力资本”的批评者所指出的，这一概念忽略了评估特定形式人力资本的价值时所暗含的权力和剥削。[15] 人力资本掩盖了我们那些无法兑现的投资，它让我们相互竞争，争夺那些被赋予了稀缺性的资源，进而在回报遥遥无期的投资里越陷越深。

106

当收入和地位摆在眼前时，在物质与非物质财富方面都备受压力的我们便会付诸坚定的尝试，以兑现人力资本的承诺。这些尝试中，有许多都表现为促进人力与物质资本相互转化的社会与政治策略，即试图将其中一者兑现为另一者。就公共部门而言，这类尝试可能包括向政府施压，要求其制订教育的指导方针，确保标准化的教育能够带来足够的收入。就私营部门而言，这些尝试可能包括创造将良好的基础设施与优质学校相结合的居住环境。住房改造、市民活动和教育策略将精心挑选的区位转化为养育子女的理想空间。在此过程中，我们时而团结，时而对立，各自经历的痛苦足证此类尝试的脆弱性。尽管如此，我们仍将这些环境称为“社区”，以暗示其中蕴含着自发的团结——后者本身便具有可以变现的价值。“社区”这一标签掩盖了激励我们付出努力、又限制其成功的结构性力量。[16] 此类社区的凝聚力往往是来之不易且转瞬即逝的。从这个角度来看，我在约旦河西岸定居点目睹的社会衰落可以被解读为一部编年史，记录了定居者注定无力维系初衷的境遇。

107

正如其他长回报周期的资产那样，就人力资本而言，不可靠的回报也深刻影响了投资主体之间的关系。并非偶然的是，我在约旦河西岸定居点目睹的那些焦虑是以初代定居者的子女为中心蔓延开来的。他们遵循的是各地新中产阶级均无法摆脱的一条路径：获得有利的物质条件的成本越高昂、回报越微薄，人力资本的角色就越吃重。并且，无论是否借助社区的力量，人力资本的投资经常是长期的，是前人栽树、后人乘凉的事。由于人力资本极为依赖父母对子女的投资，它便牵动着使家庭凝聚在一起的情感纽带，这些情感纽带在反过来适应人力资本方面的投入。人力资本投资的强度与回报的不确定性让家庭关系处处陷入紧绷。

于是，我们就不可能脱离家庭来探讨人力资本。要想观察家庭纽带如何受到人力资本逻辑的重塑，一种方式就是通过民族志方法研究家庭。在许多人看来，全球中产阶级的一大特质是对婚姻关系以及对子女抚养、教育和文化熏陶的注重。按照这类描述，全球中产阶级正在负重前行，他们承受着上述事务对家庭关系、对家庭成员追求其他目标构成的压力。[17] 深入美国家庭的民族志研究揭示了围绕人力资本增长展开的狂热活动，以及其对家庭生活造成的损害。

*108*

举例来说，《快进家庭》( *The Fast-Forward Family* ) 一书讲述了家长们的一种焦虑：他们担心，自己的所有行为，不管看起来多么无关紧要，都会影响孩子的前途。[18] 这项研究记述了渗透于日常生活中、以家庭为中心的消费文化对家长提出的劳神费力的要求，与此相伴的则是大量任务、琐事所要求的严格时间管理。双职工夫妇在应对必要的劳动分工所带来的情感代价的同时，也渴望得到对其贡献的认可以及一定程度的自主权。他们还小心守护着一种平衡，既想让孩子享受无忧无虑的童年，又紧张兮兮地安排着孩子的上学问题和课外活动。尽管他们痛苦地意识到，专家们早已警告过家长不要过度介入孩子的成长，他们依然对孩子的人生成就万分操心，而很难将其视为一个有选择余地的问题。

109

《空前忙碌》( *Busier than Ever!* ) 则聚焦于另一组生活节奏慢不下来的美国家庭。[19] 这些家庭深陷于家务和应对之策中，竭力协调大人的工作生活和子女的成长活动，但他们对这些琐事心怀怨愤，也不觉得其中有什么意义。追求效率的压力对道德生活产生了负面影响。为了纾解压力，这些家庭分解了工作与家庭生活的不同方面，因而丧失了按同一套道德观将不同的领域和人生阶段整合起来的资源，更不用说反思自身处境和想象其他出路的能力了。观察这些家庭的民族志研究者总结道，中产阶级家庭生活并没有处在进步的轨道上，而是陷入了无休无止的时间管理，后者能否对家庭的未来产生显著影响，尚无明确答案。

人类学还可以将那些看似必然、常常伴随着狂热行为的事物相对化。为此，人类学家会在我们认为理所当然的事物被塑造成型的关键时刻对其进行观察。简·科丽尔（Jane Collier）对西班牙南部一座村庄的民族志研究揭示了某些推动了家庭关系转变的力量。[20] 科丽尔在西班牙的民族志田野调查开展于 1960 年代，当时她还是一位年轻的女士。二十年后，她又回到了同一座村庄，开展更多田野调查，结果发现村子已经变了模样。1960 年代，村庄经济尚以农业为中心。土地财产权是这些村民抵御当时的经济压力的主要屏障。不同的财产状况使得一些村民比另一些村民更好地扛住了压力。但到了 1980 年代，农业收入不再能维持生计，村子也失去了一半的常住人口。他们搬到了城市去学习，继而在这个资本化程度较以往更高的经济体中从事正式职业。

110

生于二十世纪头几十年的村民认为，家庭成员内部的不同命运取决于他们各自继承的遗产、通过婚姻获得的财富以及个人的理财方式。而在同一个家庭，生于 20 世纪后期的人则认为，是工作决定了命运。到了 1980 年代，即便是最有钱的居民也得去工作，并且将自己的财富归功于工作。事实上，凡是过着好日子的人都坚持把原因归结为他们的技能和工作质量，哪怕他们中的一些人是通过个人关系才找到工作。另一些人则被告知，如果他们能提高自己的生产率，就可以改变命运。无论是否依然住在村子里，他们都拥抱这一信念，即便他们中的大多数人明白，在西班牙更为广阔的就业与身份网络中，他们和成长于城市中心的人相比处于劣势。

这些经济上的转变带动了家庭关系和思维模式的变化。1960 年代，除非孩子犯了什么错，村民对他们都基本上不闻不问：父母们只惦记着一件事，那就是防止孩子做出什么出格之举，妨碍他们讨到一门起码门当户对的亲事。但到了 1980 年代，人力资本成了领跑人生的首要因素，孩子成了家庭的中心。对父母来说，培养孩子的技能和情操成了天经地义的事。这些孩子形成了新的自我感知，觉得自己具有独特的欲求和能力，或许可以在生产活动中展现出来。他们感到自己比父辈更自由，更不受传统约束。

*111*

这些变化增加了在逆境中取得成功的压力。1960 年代，一个家庭的财产始终由父母掌控，直到他们去世。父母与子女的经济利益是一致的，两代人都希望保护、强化这些利益。到了 1980 年代，当孩子们有机会追求超出父母期望的目标，父母便失去了对学校教育经费的控制权。在科丽尔笔下，一些父母不再像自己的父母那样要求孩子尊重家长，而是希望通过赢得孩子的心来向他们施加影响。她谈到了母亲的地位，这些女性据说已经从旧有的父权传统中解放出来，事实上却比他们的母亲——一些和丈夫共享财产的女性——更依赖于丈夫的赚钱能力。如今，妇女需要像操心孩子那样操心丈夫的健康与快乐。与此同时，婚姻不再是一套个体必须全身心投入的稳定制度，而成了一桩需要不断经营的脆弱工程。此外，成年男女发现自己很难打消父母的疑虑，使后者相信自己会照料他们的晚年生活。在这些害怕被遗弃的父母看来，孩子们强调自己的爱是真实的，恰恰证明了他们将个人欲望摆在远远更为可靠的家庭责任感之前。

112

在一切地方，父母越是难以通过物质财产将优势传承下去，人力资本投资就越重要。但就物质财产而言，除非财产价值遭遇突然的剧烈波动，物质财富继承的结果是较容易预见和把控的。人力资本则不一样。作为个体人格的化身，它总是处于变动之中。父母不能简简单单地将人力资本交接给孩子。他们必须在孩子的教育和修养上投入许多年，才能铸就少许基础，后续还得靠孩子自己追加投资。这些投资的成果需要数十年时间方能一点一滴地落实，还受到子女种种的一时冲动和经济形势的共同影响，是非常难以预测的。当人力资本投资在几代人之间传承时，它既塑造着家庭关系，也反过来为家庭关系所塑造。

近年来，有很多讨论提到，随着政府砍掉住房与教育补贴等支持年轻人成长的公共资源，家庭的重要性正在快速上升。在比较各国的福利制度时，学者们曾经聚焦于这些制度对去家庭化（de-familialization）的支持程度，或是这些制度下个体相对于家庭的财务独立程度。现在，另一些学者则从再家庭化（re-familialization）的角度，来观察一种相反的趋势。[21] 举个经常提到的例子，不少三十多岁的人搬回了父母的房子，生动证明了不靠家人相助而安身立命有多么困难。对家庭价值的强调掩盖了这种困难。此类话术赞美亲情与家庭责任，顺道也鼓吹了与之关联的家庭负债与抵押，从而使有能力聚拢资源的家庭正当化了他们握有的优势。它还鼓励缺少资源的人向家人寻求财务上的援助，而不是向公共财政提出要求。[22] 面对经济和情感上的压力，父母们在子女身上投入了空前的成本，但往日的“野心的苗圃”，已然被压低了身段。

113

在以色列，家庭承受的压力已凝聚为一种公共意识。此前，一项引发了广泛讨论的调查给出了惊人的结论：该国高达 87% 的父母会帮助成年子女（包括已经组成小家庭的）支付日常账单和临时开销。为此，这些父母被称作“中产阶级的氧气瓶”。[23] 带着对家庭投资如何影响家庭关系的好奇，我考察了家庭投资的理想化形式，这种形式由当代资本主义最强大的代理人——金融业广泛传播。我的具体观察角度是金融业的意识形态分支：理财节目。人们被教导着管好自己的财务，并对财务决策的后果负责。然而，在金融化的经济中，人们通常别无选择，只能担负起债务和进行投资；而且，即便这些投资决定可能是明智的，其结果在很大程度上也并不由人们掌控。当然，这正是整件事的关键所在：让人们背负本不愿背负的重担。

114

我们全力以赴的目标受到多重因素的威胁。这些因素包括可调利率抵押贷款——它决定了我们最终需要为自己名下的房子付多少钱；包括由机构代为管理的投资——它可能导致我们的退休储蓄缩水；还有危机频发的市场——它全面影响着我们的工作、储蓄和财产。在这样一种变幻无常的气候中，我们所有人都受到鼓动去参与理财教育这种投资形式。理财教育可以通过公共和私人论坛提供，包括网页和咨询专栏、学校里的工作坊和研讨班、工作场所和市民中心，以及在以色列最为普遍的一种形式：通俗杂志和电视节目。[24]

电视理财节目的套路是追踪那些面临财务危机的人的命运，由专家引导他们通往理财启蒙。这些节目全都是关于家庭的。单人家庭从来都不在考虑之列，它和节目投射的理想状态背道而驰。这种理想状态是通过多种方式呈现的，包括把节目的注意力放在孩子身上，后者的可爱、娇弱为父母的投资注入了原动力。家长们遵循理财顾问关于削减消费的建议，少用信用卡，退订有线电视服务，以求使子女出人头地，并为他们留下些财富。这类财富通常是一栋房子，不过节目里从来都不会把长年累月的按揭还款加总起来计算房子的价值。也是在孩子的刺激下，家长们拥抱了事业上的风险，并承担起了长期储蓄的重任。父母对子女的爱是节目中所有故事的背景，制片方一边激发这种感情，一边为之奉上喝彩。

115

在不同历史时期，宗教通过将罪恶的清算推迟到来世，抚慰了社会不公的受害者；类似地，以孩子为媒介，父母的投资回报也被推迟到了遥远的未来，从而使他们不再关心自身可能面临的匮乏。令他们心动的不再是对财富增长和回报的详细预测，而是“给孩子更好未来”的美好前景。这一前景何时、如何实现，尚未可知。[25]但父母们知道，如果没有教育和住房上的投资，自家的孩子就可能被别人家的孩子比下去。理财建议将这种担忧转化成了行动指南，鼓励父母通过各种常用渠道为孩子的未来人生提供财务保障。这是一种强有力的手段，驱使人们将原本可能被挥霍或囤积的金钱投入流通。

和亲子关系相比，婚姻关系则显得脆弱而易爆。伴侣们争吵、打架，有时互相指责，有时陷入冷战，但他们也会尝试——有时甚至能重燃爱火，哪怕持续时间并不长。追求财务上的成功和追求婚姻上的成功，这两者在他们身上从来都没有一条明确的分界线。他们所做的最重大的决定——生活在一起，养孩子，买房，搬家，工作或度假，都被当成投资策略来考量。这些策略的成功都离不开那些同时适用于理财方面的品质：责任感、远见和解决问题的能力。婚姻本身也被理解为一种投资。回首一段关系的开端，展现的是这样一幅画面：人们在结婚对象身上看到了未来的安稳甚或富足。婚后生活的重点在于通过数十年之久的努力实现这一期望。要是期望落空，我们就会对伴侣大失所望。

116

伴侣们是在一些不自然的状况中意识到了对彼此的依赖。在这些状况中，他们试图独自打理一些家务，或是替代通常由伴侣扮演的角色，最终宣告失败。这些经验使他们认识到对彼此的需要，并引导他们调整自己的工作和家庭责任，合并银行账户，在生意上相互支持。要承担三十年的房贷、为子女的成长提供充足的人力资本，至少需要两个有责任心的上班族一同投资。伴侣们被引导着接受这一结论，进而像一家合资企业那样去投资。他们的首要动力来自对子女的责任感，但伴侣之间的责任感也在发挥作用：当两个人选择结婚之后，他们就在这段婚姻的潜在价值中享有自己的权益。

至于其他亲戚，则只有在促进而非阻碍投资和经过权衡的冒险行动时才会得到认可。穷亲戚属于消耗和累赘。不过，在这些节目里，出镜的以色列人更多是从亲戚那儿获得了宝贵的资源，包括借款和赠予、幼托服务和临时住房，乃至用于担保贷款的抵押品。亲戚们的帮助如果让一对夫妇陷入懒惰，就会被描绘为自立成人的障碍。而如果他们能激发自主精神，比如为夫妇俩的新生意提供贷款担保，或是在房子的首付上帮点忙，他们就会成为受欢迎的家庭一分子，参与到家庭财务的规划之中。

117

回到科丽尔的研究，在那些西班牙村民中，她看到了在伴侣、子女身上投资的不确定回报所产生的种种龃龉。类似的焦虑也出现在以色列家庭中。理财顾问们发现了这种焦虑的消极影响，进而将人们的情绪往更有利于投资的方向引导。家庭与婚姻关系的或然性是其中的关键。这种或然性伴随着中产阶级的或然性，后者是一种关于“社会流动由我不由天”的意识形态，它将身心俱疲的劳动者描绘成了心甘情愿的投资者。只要积累还要靠劳动者源源不断的贡献继续扩张，一个人的社会地位就不会是一成不变的；同理，如果人际关系是为了促进经济增长，这些关系就不可能构筑在义务和传统的根基上。相反，人们最重要的亲密关系——与配偶、父母或兄弟姊妹的关系——只能建立在一些非常不牢靠的基础上，以至于这些关系需要培养，更进一步说需要成为投资的对象，才能发挥出内在的潜力。

如果说爱与奉献占据了舞台的中心位置，那是因为它们激励了对财产和人力资本的投资。以物质和非物质所有物为中介，夫妻、父母们为家庭所倾注的资源流入了全球市场的各个体系，并在其中确定了自身的价值。由于家庭关系是脆弱的，也因为家庭成员消耗的资源只能带来不可预测的回报，在配偶、子女身上的投资必须持续进行下去，从而促进了积累。

118

在本章开头，我考察了约旦河西岸定居点的经济没落如何反映在代际焦虑之中，这层联系同样形塑着其他社区和家庭富有进取心的投资活动。我希望，至此我已阐明，这种联系源于人们丰富人力资源、并将其变现的努力。这些努力注定是不够的，因为他们脱胎于经济对创造剩余的强制需求，而这种剩余超过了人们可能到手的回报。如果说中产阶级意识形态描述了我们的一种内在倾向——身为被支配的劳动者，却自诩为能够自主掌控工作、时间和资源的投资者，那么人力资本就是这种意识形态最贴切的表现形式。它激励我们在竞争性环境中扬长避短，进而使我们接受了一个指挥着我们日常活动、渗透于我们最亲密的关系之中的积累过程。为了实现这一点，人力资本将主宰我们生活和行动的非人资本（inhuman capital）描绘成了我们人格的一部分，我们可以自由地利用它来谋取个人利益，却无法依仗它来收获预期的结果。正是通过人力资本，非人资本具有了“太人性的”面目。

# 第4章

# 再见，价值观；别了，政治

119 在前几章中，我解释了为什么说中产阶级是一种意识形态。它将焦点转移到了社会流动上，并将后者粉饰为“投资驱动的个体自主”，由此掩盖了工作的贬值，掩盖了承受这种贬值后果的人口所处的困境。最相信这一意识形态的，是那些已经需要靠工作来养家糊口，却依然可以为了未来而投入额外的劳动、时间和其他资源，同时在当下用度之外另有支出的人群。作为所谓的“中产阶级”，他们被鼓励着将这些支出理解为自己的选择，将自己拥有的财富理解为这些选择的结果。在一个竞争性环境中，有价值的资源被赋予了稀缺性，持久的利益无法轻易染指，人们很容易会用上述投资及其带来的优势解释为什么有些人过得不错，有些人则被甩在后面。认可这一解释的人有充分的理由加倍努力，以保护他们之所得，谋求他们所未得，力争在总体上压过所有人。

120 然而引人注目的是，按照全球中产阶级的研究者所描绘的，上述群体也是世界各地政治上最活跃的人口。[1] 这本不出人意料：有投资本钱的劳动者也有抗议的本钱。鉴于对劳动和自然资源的剥削所造成的社会衰落与环境退化，值得抗议的事情可不少。不同社会群体的脆弱性大相径庭，有些受全球性积累的伤害要远甚于其他人。但不管怎样，这些脆弱性都在使全球不同种族、性别与国籍的人们备受煎熬。因此，人们有十足的理由参与代表了“遭受不公的 99%”*的抗议活动——这一范畴的广度正与理想化的“中产阶级”的广度相一致。但是，当抗议活动与形塑了这种中产阶级的自主投资精神纠缠在一起时，又会发生什么呢？

在本章中，我将更仔细地审视与中产阶级意识形态相匹配的政治和价值观。在谈到抗议、公民运动以及对资本主义所引发的政治做出的批判性思考时，我会首先梳理美国的几种政治和价值观表达，继而利用我本人的民族志研究，分析这些政治和价值观表达在德国和以色列的表现形式。这些例子将表明，“投资驱动的个体自主”这种中产阶级意识形态如何与抗议人士最长远的目标背道而驰。

121 要开启我的讨论，唯一正确的入口似乎便是近期一连

---

* 2011 年的“占领华尔街”运动中，纽约街头的抗议者们打出了“我们就是那 99% 的人”（We are the 99%）的口号，抨击分配不公、财富集中在少数富人手中的现象。——译者注

串的全球抗议运动。根据政治学家弗朗西斯·福山（Francis Fukuyama）的分析，这一系列抗议运动不啻构成了一场中产阶级革命。[2]他将埃及、突尼斯、土耳其和巴西等地的暴动归咎于全球新中产阶级的崛起。这些地方的大多数抗议者既不是富人精英，也不是贫困的底层民众，而是那些已经在教育、就业技能甚或财产上有所投资的年轻人。他们怨恨政治现实，这一现实挫败了他们对就业和物质条件改善的期望。作为有抱负的投资者，他们可以从良政的制定和颁布中获益甚多。但在政府能够没收其财产、使其投资付诸东流的情况下，他们也会因恶政的延续而蒙受损失。[3]

在福山看来，近期的抗议活动倡导了他所笃信的有利于投资的政策。受此鼓舞，他对中产阶级的崛起持乐观态度。但他也认为，这些抗议活动没能实现抗议者原本设想的进步，这让他的乐观情绪有所降温。在一些国家，抗议活动成功推翻了腐朽的政权，使市场力量能够从内部引领社会发展，而不像从前那样，按照独裁者的旨意自上而下地强加给社会。福山不愿将这些国家人民境况的停滞不前归咎于上述变化。他更愿意将其归咎于他眼中的一种广泛同盟，即这些国家的中产阶级与占据人口大多数的非中产阶级组成的同盟。福山断定，中产阶级的利益偏向于市

122

场；相反，他将大多数人口与保护主义议程（protectionist agendas）联系在一起，而后者最终占了上风。

关于发展中经济体的描述支持了针对保护主义的指控，无论这种保护主义被归咎于哪些社会成员。这些描述指出，发展中国家与工作相关的制度存在弱点，且正式就业的比例较低。对心怀不满的民众来说，缺乏上述社会安排，就意味着缺乏持续抵抗的制度性支持。于是，发展中经济体的政治在很大程度上成了为财产权、财产保护而斗争。通过积累财产和声誉成功摆脱了贫困的民众更倾向于维护他们的所得不受权力精英或民粹主义统治者的侵犯。与此同时，穷人的困境则由福利措施来解决，后者进一步加固了穷人的从属地位。在这些国家，收入增长绝非通往民主之路。在福山等人所说的全球中产阶级内部，出身较好的人与相对弱势的同胞围绕分配展开了斗争。他们要的是秩序和稳定，而不是政治权利的普及。[4]

123 上述视角竭力打消这样一种想法，即由资本主义的参与者主导的政治存在某种自掘坟墓的可能。但一些最令人敬畏的政治思想家早已暗示，这或许才是事情的真相。1919 年，社会学家马克斯·韦伯（Max Weber）在慕尼黑向学生联盟成员讲授了从事政治所要做的事。在讲稿的基础上，整理出版了《政治作为一种志业》（Politics as Voca-

tion）[5]一文，其中回响着对暴力必然性的讨论。韦伯追溯了过往的政治运动，观察到了两种不同的动机。政治可以是由信念驱动的：为了追求不可动摇的信念，不惜一切代价。基于信念的政治令人沉醉其中，却多半会通往灾祸和杀戮。政治也可以由责任感驱动，这种责任感指向的是个人行动的社会后果。然而，追求公共利益的努力在实践中也存在着矛盾，因为人们会认为，要落实这一愿景，则不得不采取一些强制性的手段。韦伯警告，任何想要从事政治的人，都不能忽略这些矛盾。

*124*

在 1930 年代不断积聚的阴云之下，德国犹太裔批判理论家马克斯·霍克海默写下了《利己主义和自由运动》（Egoism and Freedom Movements）[6]一文。他并未将韦伯定义的那种矛盾——价值观与现实相冲突，政治抱负只能通过暴力实现——视为命中注定的，而是将其视为所谓资产阶级社会的症候。在资本主义生产方式下，人们只能通过交换他们的人力和物质资源来满足自己的需要。以利润最大化为目标的生产和定价人为地制造了稀缺性，进而使人们在一切事物上相互竞争，包括居住和教育、种种商品和服务以及职业和名声。人们可以通过工作和财产收入来获得这些东西——而工作报酬和资产的价值同样取决于竞争。由于缺乏集体形式的支援，人们被孤立为个体

125

利益的独立负责人，被迫在这些交易中自谋生路。无论人们相互抱有关怀还是敌意，都免不了进行私人资源的必要交换，这使他们在养家糊口的日常努力中对彼此漠不关心。在这种环境中，要想致富，甚至只是想凑合过日子，都要求在相当程度上把自我利益摆在优先位置。

鉴于大多数人都与持久的快乐和安全无缘，这种以自我为中心的做法并非乐事一件。人们之所以投入工作、参与交换，实是因为受迫于对资源的所有权、生产和流通做出安排的结构与体制。采取一种不带感情、工具性的利己主义，用默然的顺从取代对享乐的追求，这些做法可以使他们在事业上的投入更有效率、更经济。在资本主义游戏中做个合格的玩家，意味着压抑享乐主义的欲望，这种压抑可以是为了由市场决定的自我提升、由政治决定的公共利益，也可以仅仅是为了这一缘故：些许的克己本身就被视作一种美德。

然而，孤立和竞争不只造成了人与人之间的冲突。当一个人没有那么坚定地做到环境要求的那样自私自利，孤立和竞争也会造成内心深处的冲突。哲学、宗教和伦理（霍克海默分析了占主导地位的思想流派）反映了这种内在的不协调。一方面，我们是按照资本主义传授的那套看法来理解人性的，假定人生而自私，会为了追求个人利益而采取机会主义。另一方面，人们展现出的任何与上述假定相反的性情又因其看似克服了利己主义而被奉为美德，树立为他人的榜样。如此，人们便从道德原则的角度来衡量自身，这些道德原则与人们必然要面对的处境完全对立，使人们因不切实际的理想主义而自食其果。

126

霍克海默追溯了利己主义、自我克制和理想主义在与宗教改革、法国大革命相关的政治运动中的纠葛。领导这些运动的精英无力独自推翻封建或君主权力，不得不招募相对于他们更不幸的人替自己冲锋陷阵。他们向大众许诺了更美好的生活，最终实行的政策则都是关于推翻腐朽的领导层、扩张私有产权、提升行政效率，从而促进资本主义。尽管这些政策和此前的等级制相比可能是进步的，他们并未根除世袭的不平等，而是重新定义了不平等。不平等不再是一个社会地位问题，而是横亘于拥有财产的幸运儿和缺少财产的大多数人之间的一道难以跨越的鸿沟。对大部分人来说，为资产阶级式的自由而斗争就意味着与自身福祉为敌。

这类政治活动的模棱两可体现在他们的人文主义意识形态上。人文主义赞颂人是自身命运的创造者。它将人的尊严归于自主能力、在世界上行动的力量和决定自身人生规划的能动性。然而，那些捍卫并渴望体现人文主义的人在应对市场的风云变幻时，也受制于无数的枷锁；这些市场变动机制支配了他们对资源的使用，并使他们陷入贬值和损失的风险。根据霍克海默的冷峻判断："每时每刻，社会都在重新证明，值得尊重的是环境，而不是人。"[7]他省思道，人文主义理想离生活经验越远，人们在自己面前就越是显得可怜。

127

过去几个世纪发生了许多变化，使当代学者口中"广大中产"或"多数阶级"[8]参与的重大事件与霍克海默笔下广大赤贫参与的政治运动无法等量齐观。如今，自我克制的意义被淡化，为公共利益而牺牲的想法也已落伍。然而，利己主义与人文主义、追求私利与理想主义之间令人不安的并存关系似乎比过去任何时候都更能适应现实的变化。追随韦伯与霍克海默的脚步，我们可以通过反思就业、所有权和交换的结构来理解从中生发的上述理念。

要展开这样一场探寻，可参考一部前传，那就是历史学家劳伦斯·戈里克曼（Lawrence Glickman）关于十九世纪晚期以来美国劳动者的研究。[9]一轮接一轮的工业化迫使他们放弃了自己的农场和作坊，转而为别人打工。这之后，他们过往对于成为独立生产者的追求便烟消云散了。男性劳动者逐渐接受了他们曾经不屑一顾的"工资奴隶制"（wage slavery），起初是不得已而为之，后来则是调低了预期来接受现实。一旦放弃了经济独立的指望，他们的新目标就成了确保自己能得到所谓的维生工资（living wage），也就是说，得到一些能够满足他们养家和消费需求的补偿。

政治的转向并未到此为止。到二战之后的时代，评估维生工资的标准是足以让这些劳动者支撑家庭、保持自尊，有途径也有闲暇参与市民生活。但自从拿生产的独立性去换取更强的消费品购买力之后，如今的劳动者就只能依靠市场来满足其物质需求。他们再也不能从边缘抵抗就业和分配结构。他们陷于竞争之中，进一步细分为各个利益团体，重新思考自己的目标。对弱势群体而言，维生工资被重新定义为最低工资（minimum wage）；而相对享有更多特权的群体则要求取得更高的收入，买得起更多东西。戈里克曼讲述了这样一个过程：商业领袖认识到大众消费带来的经济价值，对这些渴望报以热烈欢迎；与此同时，那些从劳动者转化而来的消费者则在避免参与政治。 *128*

劳动者、雇主和商业领袖围绕以消费为基础的生活标准达成的一致也形塑了其他国家的劳工斗争。当劳动者放弃了他们最具雄心的主张——通常是在提出这些主张的能力弱化之后，组成这些同盟的条款也被改写了。最著名的例子就是社会保障。二战后，西方民主国家需要振兴经济，以走出萧条的大背景、对抗共产主义的威胁。这些国家创设的福利安排一方面是由于劳工要求获得可持续的生活水平，另一方面也是出于安抚劳工、将其转变为消费者从而提升盈利能力的新策略。劳工的储蓄通过社会保障被引导向投资，进而刺激了需求：增加收入，提供就业，资助开发。此类安排一开始是有效的，直到高就业率和高需求的组合对企业盈利能力形成了过重的压力。自 1970 年代之后，各国在不同程度上放弃了这些安排，转而放宽金融监管、实施私有化以及取消公共保障措施。工会衰败，工人的谈判能力弱化，公司则被迫通过贬低工作价值、裁减大量员工来实现高效经营。[10]

129

而在美国，长期以来，一个人在社会中的地位反映并强化了消费选择。生活在这样一个国家，缺乏保护的劳动者陷入了一种尴尬的政治处境：那些让他们维系生活方式的产品、使服务更廉价的结构与那些让他们的工作贬值的结构是紧紧联系在一起的。跨国零售公司沃尔玛就是这种联系的缩影。只要它扩张到一个地方，当地的主流工资水平就会被压低。然而，沃尔玛会要求工人放弃涨薪的念想，以支持更宏大的社会目标——为每个人，包括他们自己的家人，提供价格更低的商品。沃尔玛成功说服了大批美国民众参与到一场全国性的对话当中，其主题是所谓的用低薪换取低价。这一论述框架不仅鼓励人们只从消费者的立场考量自身的利益，还将注重消费的可负担性描绘成了爱国行为。[11]

作为消费者的利益将美国劳动者捆绑在公司和市场上，后者提供的资源将帮助他们达到预期的消费水平，以及为未来做好准备。这种同盟关系造成了对集体优先事项和再分配政策的忽略，进一步侵蚀了公民的权利和主张。消费显示了人的差异、个性和个体抱负，因而标记了人们在社会中的地位。这些不同的倾向反过来也侵蚀了人们的集体威力和公共利益。受其影响，美国出现像“占领华尔街”这样规模的社会运动就更引人瞩目。但“占领华尔街”运动展示的对包容和团结的渴望，却遮蔽了抗议者作为消费者和投资者在地位上的内部分化。最终，这些分化使消费主义、新自由主义和发展主义叙事得以劫持占领运动的公共目标，进而削弱了运动的集体力量。[12]

130

如果说马克斯·韦伯在信念伦理和责任伦理之间做了解析与区分，人类学家乔尔·罗宾斯（Joel Robbins）则提醒我们关注成就两种伦理的社会环境。[13] 在社会背景足够稳定、行为后果具有可预测性的情况下，要求一个人为自己行为的后果承担责任是合理的。但今时今日，我们最重大的行动都被卷入了制度现实，在后者的引导下，造成我

131

们可能未曾料想到的表现及后果。因此，我们在逻辑上更适应关于何为善恶的清晰指引。罗宾斯展示了这一现象如何发生在皈依宗教者群体中，而皈依宗教者不过是为一条普遍规律提供了极端的例证：我们这个时代的精神是向内寻求道德指引，而不是在后果超出我们掌控的政治浑水中艰难跋涉。

为了努力保障未来生活、呵护家人，我们会投资财产和人力资本，这些投资的益处会在与缺乏它们的人群相对比时体现出来。当我们因为爱而关心自己最亲近的人，或是出于某种有意识的、发自良心的选择关怀离我们更遥远的人，我们都意识到自己将为之付出的代价。我们的选择中包含着超越实用主义和功利主义的自我克制，它在这些选择中占有很大的分量，并且形塑了选择的意义。在资本主义语境中，选择的自由是在逆风中实践的。要遵循我们的道德标准，我们仍可采取的一种方式就是坚持那些可以合乎情理地践行的伦理立场，这些伦理立场能够立刻显现出正当性，并且可以通过自我牺牲直接确证其纯正性；与此同时，我们也在避开那些看上去过于天真、牵强、代价高昂的事业。

面对经济条件的不稳定、机会的匮乏、残破的保障和生活质量的下降，我们理所当然地肩负起对所爱之人的责任，投入时间和资源以未雨绸缪。虽然如此，我们之中还是有些人活跃于较小规模的社会与政治活动。人们设想中的中产阶级不仅与政治抗议存在关联，还与基于价值观的志愿服务和公民运动相关联。这些活动在美国关于价值观的经典研究中扮演着主要角色。[14] 如同抗议和暴动那样，我们有理由论证说，人们只要有能力帮助其他有需要的人，就会将其能力付诸实践。然而，也同政治的情况一样，中产阶级意识形态框架内的公民运动具有独特的表现形式。

132

我们喜欢做这样一种想象，仿佛我们周围的世界也以某种方式反映了我们的道德价值。正是基于这一假设，我们将特定社区的属性——例如，某个社区是笃信宗教的、文化多元的、消费主义的、自由主义的或是保守主义的——和该社区居民的价值观联系在一起。但详加审视，我们总会发现，居民的心态和他们公开呈现的面貌并不一致。当我们所讨论的群体能够自由表达心意时，这种不一致会令观察者感到刺耳。个人观点与既存的具有道德意义的结构之间的龃龉并非偶然，而是各类价值观本身便具有的一种特性。

在前资本主义社会中，人们只能臣服于强大统治者的要求，遵从其颁布的法律，自由被认为是一种稀罕的奢侈品。集中的权力和等级制还确定了这些社会将生产何种商品、这些商品将如何利用、在何种条件下流通。相反，在一个资本主义体系中，积累是由私人财产所有者以及私人生产者之间的竞争所推动，社会中的资源则是根据市场交换中的限定因素来定价的。商品的生产、交换乃至社会及其制度的再生产，这些都仿佛是从个体之间、个体与环境之间的自由交易和互动中自发地涌现出来。

133

在这样一个体系内，我们的行为方式最主要的是反映了自身的冲动和意图，而非经过深思熟虑后对外部权威的顺从——此即“个体自由”这一理想的通常含义。[15] 然而，这种自由是十分含糊和局限的，因为我们无从真正决定“生产什么”，也无法掌控包括市场及其配套制度在内的种种结构和体制——我们的品味和欲望可能正是在这些结构和体制中表达出来的。我们也无法形塑社会关系，无法指引这些结构造成的经济趋势。我们虽然有自我表达的自由，却缺乏足够的力量以对社会有意义的方式实践这种自由。

价值观是一种特殊的道德。不同于责任感，也不同于个人美德，等等，它正映射了这种无力的自由。价值观既不受外部强制所限，也没有被预先填入什么内容，它所体现的是一种选择的自由。既可被接纳，亦可被抛弃，既可保持含混，亦可束之高阁。此外，正是在不同价值观之间所做的选择使我们对自由有了最深刻的体验。[16] 但我们也没有实现价值观的义务：即便在没有具体内容和后果的情况下，我们依然可以主张种种价值观。我们总是可以声称，打动自己的是价值观而非眼前利益；即使某些价值观并不活跃、不如其他考量因素重要，或是不太可能带来计划中的结果，也依然不妨碍对它们的主张。弗里德里希·尼采（Friedrich Nietzsche）正是受此启发，而如此彻底地重估一切价值。他写道，在与充满恶意的社会划清界限的过程中，价值观“散发着无能的气息”。[17]

*134*

另有两种特性使价值观与众不同。首先，价值观并不是完全主观的，而是预设了一个承认其意义的道德共同体。当价值观被归纳为民族价值观、宗教价值观、职业价值观、自由主义价值观诸如此类时，就凸显了一群同道中人的存在。其次，我们通常会主张与个人利益相悖的价值观。事实上，无论是我们自己还是他人的价值观，只有在表现出无利害性时，才会得到我们的认真对待。价值观意味着超越欲望：克服利己行为的诱惑，做正确的事。

当日常生活中难觅自由和道德，综合了上述特性的价值观便作为自由和道德的表达吸引着我们。为了取得被赋予了稀缺性的资源而竞争，这种压力促使我们专注于私人和务实的追求。我们期待自己的投资开花结果，但这一期望也伴随着风险：倾尽了全力，却适得其反。即便掌握了达成目标的门路，我们也必将发现，许多情况下，付出会高于回报，需要负责的部分多于能够掌控的部分。太多的失败只能带来自我怀疑和挫折感。在这些情况下，我们最容易体验到的不是自由，而是客观环境蹂躏我们的种种方式。

135

如果说我们与志趣相投的人一道，对周遭环境终究有一定程度的影响力，那么，相较于以自我为中心的实用主义，我们可以采用不易造成幻灭感、看起来也更为高尚的表达形式来冲击环境。在这些表达形式中，首要的就是价值观。当我们以价值观彰显自身时，脚下的土地会更为坚实，因为价值观并非扎根于现实，而是扎根于信念，扎根于对物质回报的摒弃，扎根于一种普遍性；这种普遍性由想象中的同道中人的存在所证实，而不受价值观本身的实际影响。在抗议、志愿服务、展现团结和争取变革的行动中，价值观为我们提供了一个难以抗拒的出口，来宣泄自己的无力感。它们还将我们白白付出的投资包装成心甘情愿的牺牲，以守护我们对自由的体认。我们似乎是为了更高级的、非物质的理想而超越了实用主义。于是，在价值观的帮助下，我们与规划我们生活的坚固结构完成了和解。我们得以在想象中克服结构，与此同时，后者只需在有可能妥协、变更的范围内接受有限的调整。价值观给了我们这样一种感觉：在某种程度上，社会确实会对我们团结起来的力量给出回应。

尼娜·埃里索夫（Nina Eliasoph）在其关于美国公民团体的民族志研究中巧妙地阐明了这一点。[18] 她的研究对象包括一项旨在叫停美国对外军售的定期和平守夜活动，以及一个试图阻止本地兴建有毒焚化炉的团体。这些活动人士和志愿者们的团结源于他们对抗社会不公的决心、对更美好社会的想象，以及将这些想象变为现实的努力奋斗。他们组织抗议，散发请愿书，游说或参加志愿行动。然而，他们还是对自己的影响力缺乏信心，且对他人的动机抱有怀疑。于是，他们将目标重新定位于“家门口”的事务，这些事务是每个人为了自己的利益或是出于对子女的关心都应当参与的。随着时间的推移，他们参与的议题越发琐细，也越发具有可行性。活动人士们觉得操心自己没法真正解决的问题是在浪费时间，转而开辟一个让每个人都能感觉到自己的重要性、能发挥作用的角落。当他们在无力应对的困境面前手足无措时，是价值观为他们提供了一个看起来可行的出口，来表达对自主的渴望。[19]

136

考虑到美国经济政策在很大程度上剥夺了劳动人口的

权力，这或许是一个极端例子。德国为此提供了一个很好的对比，因为其所谓社会市场经济迄今为止仍保留了美国人不再享有的社会保障，资本和劳动力之间的谈判结构遍及整个行业，进而通过社会政策的扩张补偿了工资上的限制。[20] 二战后，作为向政治同意（political consent）* 回归的一部分，德国着手重建中产阶级。西德被重新构建为一个实行优绩主义的开放社会，这一理想在两德统一后又以不均衡的方式向东扩张。1980 年代，中产阶级据说构成了德国的“三分之二社会”，这一对中产阶级广泛性的描述在当时的德国引起了讨论。[21] 此种说法的可信度基于德国的高生活水平：即便体力劳动者也过得不错，以至于德国可以夸耀自己模糊了职业等级的界限。[22]

137

人类学家已经揭示了为这一框架注入活力的各种意识形态。道格拉斯·霍姆斯（Douglas Holmes）着眼于德国中央银行保持低通货膨胀和稳定物价的努力。银行工作人员将这些目标转化为预算、就业和商业利率等方面的指导方针。他们反对可能伤及德国货币稳健性的工资和物价政策安排，这种立场是基于“一部更宏大的叙事，主题是德

---

* 在现代政治理论中，“同意”一般指人们对某种政治权威的承认。十七、十八世纪兴起的社会契约论和当代自由主义政治哲学普遍认为，同意是政府合法性的来源，统治者只有得到被统治者的同意才具有合法性，但学界对同意的形式、条件和效果存有争议。——译者注

国政府及其协调国民期望和国家利益、从而掌控未来的能力”[23]。爱德华·菲舍尔（Edward Fischer）关注的是一群被他称为中产阶级购物者的人，他在这一群体身上追踪了一种假想的利益交汇。据他观察，这具体表现为人们愿意花更多钱购买有机鸡蛋及其他“符合伦理的产品”（“ethical products”），来承担个人对社会、动物和环境的责任——在他们看来，这些事物正反映了他们自身的福祉。[24]

138

“鸡蛋”也出现在我自己对一群不太富裕的德国人的观察中。具体来说，我观察的是一同寻求理财建议的一群单身母亲。理财顾问高度评价了德国社会保险赋予她们的权利，但她同时提醒她们注意履行义务。为了把这一点说透，她拿自己的两位在巴伐利亚孀居的姨妈作为例子。希尔德加德太太一直没有工作，而她的丈夫还会拿生意上挣到的钱从事投机活动。这些钱没能升值，希尔德加德太太最终只能面对艰难的生活。格蕾塔太太的丈夫是个三天打鱼、两天晒网的酒鬼。因此，她只好自己也去工作，并且把收入打到公共养老金系统里。好了，猜猜最后是谁每个月给希尔德加德太太送两打鸡蛋？不是别人，正是格蕾塔太太，她正为挣到的养老钱感到自豪。理财顾问提醒这群单身母亲，不要依赖家庭和金融市场。她总结说：“趁你还能找到工作，赶紧去干活儿，交你的养老金。”

争取民众的政治同意，靠的是向那些按“德国人的方式”投资的人提供一种扎根在制度中的、关于财务安全的承诺。所谓“德国人的方式”，就是全力以赴地工作，将个人积蓄的管理托付给国民经济，避免向后者提出过度的需求，靠自己的收入购买合乎道德的产品。如今，由于大多数人对它的期望并未得到兑现，这种投资精神必须通过更具说服力的方式来主张。在今天的德国，工作越来越朝不保夕而缺乏回报，德国人习以为常的生活水平越发难以为继，养老金不再高枕无忧，而贫困率和不满情绪则正在上升。我最近关于理财建议的研究描绘了由此引发的政治和道德新动向。

139

我注意到，遇到对理财兴致不高的客户时，理财顾问们会不厌其烦地诉诸人们对子女的责任乃至更一般性的家庭价值观念。他们建议父母给孩子一点零用钱，来教育子女如何管好自己的钱袋子；他们还建议父母对孩子的过分要求说不，同时为每个孩子开立长期储蓄账户；他们宣扬房地产投资，认为这将带给家庭长期的稳定性，最终还能变成一笔丰厚的遗产；他们还敦促所有人还清自己的债务，攒够养老钱，以免沦为子女长大后的负担。

理财顾问还肯定了承担个人责任的积极意义。这种道德观充斥于德国的公共话语，具体包含了努力工作、存钱备用、审慎消费、只承担有能力还清的债务、保持预算平衡，以及为不确定的未来做好准备。个体自律性的不足可以由市场的助推机制（nudge）来弥补，例如从工资进账里自动扣缴款项*、对用于特定投资的资金予以税收优惠，以及确保为耐用型财产承担合理的还款义务。理财顾问们断定，只要一笔钱已经许给了更重大的利益，就不得用于不必要的消费。

这种责任对应着国家层面的财政紧缩。德国的政治和经济领袖将个体责任描绘成公民身份的核心部分，时常拿它与希腊等债务国所谓的道德缺陷作对比。但这种道德观已然面临挑战——低利率正在造成德国储户的资产缩水，后者还收到警告称，他们的养老储蓄将不足以维持退休后的生活水平。许多德国人习惯了承担储蓄的责任，同时由银行和社会保险负责储蓄的保值。他们认为，这种安排会持续下去。相比之下，他们不太愿意只被当作高风险金融产品的消费者。 *140*

理财顾问提醒经济上的弱势群体关注自己名下的社会保障，敦促他们负责任地工作和储蓄，警告他们远离过度

* 自动缴款常用于参与养老金计划等社会保障项目，从工资中扣缴的部分由养老基金等机构统一管理，相当于劳动者为未来准备的一份储蓄。——译者注

消费和负债。而对于坐拥更多资源的群体，理财顾问则教导他们如何充分利用自己的金融资产，例如投资房地产、在全球市场投资多元化的股票或指数基金，依靠这些投资的收益率跑赢通货膨胀。他们有时会拿出图表，展示过去约半个世纪的股价增长。在这些图表上，重大的政治事件、经济的起起落落只造成了股价的轻微震荡，很快又回归到整体的上升趋势。战争、选举结果、危机和自然灾害都仅仅触发了短期波动而已。

理财顾问的客户和听众们对于这些金融产品在政治和道德上间接造成的负面影响表达了疑虑，但新近的金融化投资思潮将这些政治和道德考量也吸纳在内。在一堂关于长期储蓄的讨论班上，一名理财顾问放映了一张幻灯片，展示股价随时间推移上升的趋势。当听众们提到伦理和生态问题时，她列举了几款投资“清洁”（clean）事业的金融产品，同时又提醒道，这些产品正是同一个市场的组成部分。她指着屏幕，鼓动听众：“再看看图表，你会发现这些曲线虽然有波动，但总体是往上走的。经济在增长，同时会反映在股价上。你不一定喜欢这种趋势，但我们只有这么一个经济。我们只有一种选择，就是加入它。”加入市场，这个摆在德国消费者面前的唯一合理选项，使他们不平则鸣的政治棱角变得不再锋利。[25] 他们付出了自行

141

紧缩的代价，从国家市场中获得了某种程度的保护；与此同时，全球金融又利用他们的恐惧，将其引向促进积累的金融产品和策略。

在更加缺乏公共保障的国家，人们的选择甚至更为有限。在以色列，公共安全网和对工作、退休收入的支持都远不如德国的情况，生活成本却更高。劳动者身上承受的重压最终引发了2011年夏天的一场政治运动。在一个几乎总是以国家安全为中心的国家，由于经济困难而动员起大规模抗争是一个激动人心的事件。然而，虽然抗议活动在媒体的声援下规模和尺度甚大，虽然抗议在前期得到了主流政客的支持，虽然政府迅速组建了一个委员会，负责为抗议者的诉求找到解决方案，但以色列的生活成本并未降低。尤其是房价——运动的主打诉求——继续攀升，使购房者继续生活在数十年债务的重压之下。

142

社会学家泽埃夫·罗森海克（Zeev Rosenhek）和迈克尔·沙莱夫（Michael Shalev）将这轮抗议解读为中产阶级衰落的一种反映：父辈从以色列经济的自由化中占了好处，成年子女们的人生机会却在消逝。[26] 从一开始，以色列政府就监督建立了一套影响广泛的官僚和专业机构，包括工业部门和银行系统。这使以色列的老兵群体（阿什肯纳兹犹太人）能够在就业市场上占据优势、积累资源。在福利安排和补贴的帮助下，他们取得了学位，谋得了报酬较为丰厚的职位，还买了房子。但随着近几十年来的劳动贬值和公共资源的削减，他们的子女要想获得和父辈相同的优越条件变得十分困难。在抗议活动中，他们用社会正义、国家利益等措辞表达自己的主张。但根据罗森海克和沙莱夫的论述，大部分以色列人并不具备这些抗议者所拥有的家庭条件和人力资本，也就不会像他们那样渴望自己的投资获得回报。

当抗议运动尘埃落定，降低房价的努力明显宣告失败，我着手开展自己的研究，采访楼市专业人士，旁观按揭贷款的办理，参加买房团的聚会，与正在找房子的年轻人交谈。我发现，那些抗议者和他们的同龄人被赋予了强烈的紧迫感去捍卫自己的未来。在公共话语中，他们单凭有能力按揭买房就被贴上了“中产阶级”的标签。房地产投资使他们倾向于通过市场来应对困境。他们不信任可能会厚此薄彼的政治干预，除非受益的选区刚好住着大批工作、纳税的退伍老兵——在以色列，这是“中产阶级”的一种隐晦说法。[27]

143

以色列的租赁市场基本上不受监管。凡是想让孩子过得稳定一点的人，都无法接受因为房东决定提高租金或是卖掉房子而每隔几年就搬一趟家。于是，买房就显得无比重要。初次购房者在积蓄微薄、收入有限的情况下，被迫寻求贷款额度最高、月供最低的融资工具。算上数十年的利息和费用，这类贷款最后反而是最贵的。然而，媒体却可以轻松地贩卖这样一种年轻人的形象：他们带着房价上涨的预期，精明地投资房地产。这种形象似乎证明三十年按揭买房的巨额花费是值得的，促使购房者充当事实上的投资者，直至步入中年。它将别无选择的事情上升为个人选择，为那些经济上并不划算的支出披上了一层积极色彩。

买房比租房更合算，在后一种方案中，钱都跑进了别人的口袋——和我聊过的初次购房者全都涉足过租赁市场，他们从来都不会忘记提起这一点。他们更愿意把钱花在真正属于自己名下的东西上，而不是把同样的钱交给别人。他们并未费心计算，到还清按揭为止，在房子上一共花了多少钱，也不会跟进关注房子的市场价。当我问起这些问题时，一种常见的回复是："就算我今天把自己的公寓卖掉，又能住得起另外哪一间呢？"相反，他们考虑的是住在自己的房子里带来的相对优势。为了在一个由房东和租客构成的社会中拼出一片天地，价格再高都不算贵。今天价格过高的房子到了明天可能更加遥不可及，因此，他们力争在这场向着房产的攀登中早日爬上第一级台阶。

144

人生机遇不断消逝、困境重重的以色列年轻人曾经团结起来，抗议高企的生活成本和房价。实际上，这些困境如今已转化为家庭之间的竞争。现在，每个家庭的几代人都集中资源，以保持和扩大自己的优势。父母们倾其所有，帮助成年子女购买自住房屋。年轻人欣然接受了这笔援助，并通过银行贷到了房子，进而造福自己的子女。为家人创造这种安全感的紧迫性使他们不再将表达共同的不满视为首要任务。

相反，他们这样看待自己与他人的关系：后者是有望使自家房价水涨船高的芳邻；是在楼市捷足先登、对居住成本的飙升负有责任的同辈；是楼市的后来者，带动了房价的新一轮上涨；还可能是自己的房东，打给他们的钱自然是有去无回。他们勉为其难地和银行结盟，后者通过长期贷款从他们的投资中获得了利益；他们也和相关政府机构结盟，这些机构有责任使他们购买的商品保值增值，也有责任确保父母、老师对他们前途的投资不会打水漂。这些相互交织的竞争和结盟制造了社会分裂，使得持续的政治斗争几无可能。

145

本章讲述的故事意在揭示一类政治和价值观本质上的自相矛盾。此类政治和价值观正风行于“投资驱动的个体自主”这一中产阶级意识形态的信奉者之间。资本主义切断了劳动者获取不通过市场流通的生存资源的途径，驱使他们为工作、住房和教育这些至关重要的东西相互竞争。它让这些资源保持在稀缺状态，从而维持高利润率，同时迫使劳动者为了保住或增加财富而采取自利行为。与此同时，通过鼓励劳动者投资，它也在后者心中激发和强化了一种关于个人自由的感知。

在这种自由的鼓舞下，参与投资活动的劳动者与无法视而不见的不公狭路相逢。一些有条件从日复一日的苦差事里超脱出来的人对这些不公做出了回应，但他们的价值观却透露出无力感，他们参与的政治由于物质上的压力和动力的羁绊而束手束脚。无论目标是保证所有人的体面生活，还是保护自身投资的价值，他们行动的结果都是再造了集体的脆弱性和劣势。共同的不安全感越强、竞争压力越大，反而越能凸显这些行动和价值观的“合理”。于是，我们可以回到马克斯·霍克海默的论断：“克服这种道德的方法不在于提出一种更好的道德，而在于创造新的条件，使这种道德失去存在的理由。”[28]

# 结论

我们的行动并不总能表现出我们试图赋予行动的意 146 义。我们喜欢设想行动是自由的、具有决定性意义的，但我们做出这些行动时的种种考量，一如它们的实际后果，都已在结构中被预先规定。支配这些结构的动力和方向，正与我们自身相左。通过分析制度、实践和信仰之间的关联，人类学家向我们警示了这些不一致性的存在，进而有助于我们深入了解它们是如何环环相扣的。这种方法尤其适用于研究所谓的中产阶级。这一称谓界定了资本主义的主角：他们是这样一群劳动者，不仅通过自己的工作，更通过其他领域的自愿牺牲为积累过程做了贡献。为了未来的幸福，劳动者投入的时间、精力和物质资源超过了满足当下欲求所必需的程度，因此被冠以自主的行动者之名。即便他们的投资是对外部压力做出的反应，即便这些投资的结果与他们期望达成的目标背道而驰，也不会影响这种 147 身份定位。

这一悖论启发了批判理论的先行者、匈牙利哲学家格奥尔格·卢卡奇（Georg Lukács）写于1923年的开山之作《物化和无产阶级意识》（Reification and the Consciousness of theProletariat）[1]。这篇文章意在揭示无产阶级的反抗机会，但卢卡奇将更多笔墨用于解析资产阶级的文化和思想。他吸收了马克思对资本主义的分析，将资本主义视为一种拒绝向人们提供独立和集体谋生方式的体系。资本主义的制度设计不是为了满足人的需求和欲望，而是为了控制人们以市场为中介参与劳动和消费，养家糊口，在此过程中促进积累。在日常交往中，引导人们思考的是社会评估事物价值的方式。这些价值取决于生产人们想要的商品和服务所需要的平均劳动时间。当劳动和投资，以及促成这两者的技术和支持或反对它们的政策结合在一起，重新设定了生产力的标准时，影响这些商品估值的种种变量也一次又一次被重置。因此，资本主义下的日常生活就是在一个指向剩余积累的全球生产过程中一系列相互调节的影响力所组成的集合。它将所有的政治、经济、法律和社会制度串联起来，构成了卢卡奇所说的总体（totality）。

148

与这一总体截然对立的，是资本主义强加在所有人身上的直接性（immediacy）：人们既在日常生活的狭小空间中被孤立，也在行动中面临着世俗压力和激励。学者同样受困于这种直接性，只得从直接性的角度出发构建理论。

因此，他们的观察只能将他们引向总体中的局部。然而，他们仍倾向于从这些局部向外拓展论述框架，仿佛局部既具有独立的真实性，也能在普遍意义上说明问题。卢卡奇研究了现代本体论、伦理学和美学这几个例子，他认为，这些研究对象代表了落入直接性的圈套之后产生的心理。通过精致的理论归纳，资本主义特有的制度、心理和关系看起来倒像是纯粹、简单的现实真相。

卢卡奇提出，个体思想和行动相对于总体呈碎片化分布，这引发了随波逐流的心态。在人们的思维当中，自身所处的环境似乎是自然而然的。他们把省下的工夫用来在一些结构中发展专长、制定策略，这些结构把他们的注意力吸引过去，使他们的行动止步于那些相对明确的目标。他们对自身行动的可能性和影响进行评估，并将其模型化，而将那些失算的部分界定为异常和误差来源。他们利用着自身社会地位提供的机会，并在这些机会中更清晰地看到了自己所追求的目标。受限于所见的事实，连他们的道德观念最终都成了形式主义、公正性和实用主义的无声例证。

卢卡奇认为，这些心态在资产阶级身上最为根深蒂固，因为资产阶级的前途与私人利益密切相关。这里的利益可以被描述为对促进积累过程的物质局限和物质激励的

149

内化。它们表现为一种倾向，指向人们扮演的特定角色所蕴含的回报。懂得自身利益的人们势必充分利用其地位提供的机会，避免做出可能伤害到自己的行为。如果收获与付出相称，这些财富就好像全然来源于他们对自身利益的追求。人们在总体当中的位置决定了投资的前提条件和大概率的结果，然而对利益的着迷却使人们在总体面前见树不见林。对逐利行为的回报和对相反态度的惩罚刺激了持续的投资，并且赋予了投资者一种自主感和掌控感。如卢卡奇所言，资产阶级沉湎于“正在掌控生活”的幻觉之中，是因为私人利益禁锢了他们的思想。[2]

写这篇文章时，卢卡奇一直没有忘记无产阶级。他相信，工人只要有朝一日发现了他们所受剥削的来源，就会付诸抵制。他认为，由于自身利益的诱惑，同样的事情不可能发生在资产阶级身上。他们有得天独厚的机遇来追求利益，也会在成功后沾沾自喜，将占得的优势归功于先前的逐利行为。资产阶级意识到这种成功的真正来源则无异于自杀，因为他们正是一个围绕私利结合起来的阶级。于是，对卢卡奇来说，社会民主主义（social democracy）是一个巨大的难题：他担心，这一体制有能力在工人和资产阶级之间结成共同利益，将社会上最不肯妥协的人群也收编进资本主义。果然，它已经做到了这一点，成为一种具

150

有扩张性的、超越无产阶级和资产阶级传统两分法的中产阶级意识形态的主要鼓吹者。

在本书中，我采取了一条不同的路径，再次探讨卢卡奇曾深入思考的课题。我提出，中产阶级是一种关于投资驱动的个体自主的意识形态，它被分派给一部分有条件的劳动者，并在很大程度上赢得了后者的欢心。这些劳动者可以投入额外的工作、时间和其他资源来争取未来的幸福，而不是把一切都用于满足当下的欲望。这种意识形态产生并服务于一种资本主义体系，后者依靠人们的投资而发展，同时又并未像这种意识形态暗示的那样证明投资的自主性。原因在于，资本主义通过积累的过程进行自我复制，该过程不断从人们身上吸收人力和物质资源，而人们总体上并未得到对其投资的完整补偿，无法在选择退出投资时不付出巨大代价，也无从掌控自己的生活，使之超越这一吸收过程强加给人们的隔绝和竞争。正是隔绝和竞争迫使他们一次又一次地重复相同的行为，从而复制了束缚他们的结构。

为了证明这一论点，我仔细考察了中产阶级意识形态所卷入的一些制度，强调了他们所激发的实践的内在矛盾。我向财产发起了质疑，这种观念宽泛了涵盖了私有房屋、储蓄账户、股票和债券、保险以及其他有形或无形的

151 资产。我的目的在于表明，财产看似是满足我们的占有欲、储藏投资价值的一种普遍手段，实则是一种建构之物，旨在调和我们与我们所受的剥削之间的关系——只要劳动的价值一直得不到完整的补偿，剥削就会一直存在；它也被用来激励我们进行额外的投资，以获得我们认为可以保值、增值的资源。接着，我质疑了人力资本，包括文化、教育和职业方面的品位、技能、资格证书和人脉。我旨在表明的是，人力资本这一反映技能、品位和人际关系的范畴是为了使我们相信，自己是个人实力的投资者，而这些赖以投资的个人实力又是来自我们先前的投资；它还鞭策我们将投资进行到底，从而创造和维持相关的必要条件，在人生的赛道上奋勇争先。之后，我转而分析与中产阶级相关联的政治。我意在揭示，竞争性的投资是以哪些方式妨碍了它原本试图达成的目标。在这场探究中，我还审视了一些价值观，他们披着无利害性、普遍性和非决定性的外衣，旨在彰显我们的自由和主体意识，然而与此同时，我们的政治能量却被削弱了。

“投资”是贯穿这些研究脉络的主线，也是中产阶级意识形态的命脉所在。如今，鼓吹投资这一理念最积极的莫过于金融部门的代表。他们宣称，我们应当成为精明的理财者，不要让钱烂在银行账户里，任由通货膨胀侵蚀，而是把它用于投资全球金融，富贵险中求，并通过多样化投资驾驭市场的波动。投资也作为一种隐喻渗透在日常语言之中，用于表述多种多样的关系和选择。它之所以能够激发我们的想象力，是因其强大的涵盖能力。这种涵盖能力既是社会意义上的——全世界的人们都被鼓励着以投资者的身份运筹帷幄，也是实践意义上的——我们将教育、技能养成和社交等非金融活动都想象为投资。 152

投资可以被当作一种暂时的放弃，具体表现为投入更多的工作、时间、金钱或情感资源，而非止步于那些可以立竿见影地享受成果的部分。激发这种行为的是对未来的预期，即这些投资所对应的价值可以在某个时刻尽数兑现。期望中的回报可以有多种形式，只要其价值等同于当初的投入，甚或包含了增值部分——该部分代表了带有一定损失风险的投资所贡献的增长。与这种保守的看法相关联，投资假定了持续性、连贯性和可预测性的存在：它将当下的行动和未来的结果连接在了一起。它暗示了事件之间的接续：价值在实物、存款、资格证书和社会关系中流动，直至兑现为同等或更高的价值。它也暗示了个人实力：投资最终兑现的价值被归功于启动这一进程的个体的努力和行动力。它还进一步暗示，人们投入的财产、人力资本或社会关系都是持久有效的。反过来，它们的持久性也有赖于这些客体和关系所扎根的系统相对稳定，使之既能储藏投入其中的价值，亦可将这部分价值任意转化为等价物。[3]

153 照此理解，由于金融的支配力及其对家庭、社会和政治制度再生产的深远影响，投资本身其实是靠不住的。受金融化的影响，价值、储藏价值的实体以及调节他们的市场力量都太不稳定，无法使投资取得可预期的结果或是稳稳地兑换为等价物。新的金融工具使专业投资者不仅能从资产价值的上升中获利，还能从下跌中获利，这加剧了市场的波动性，令财产和资产更难以保全储藏在其中的价值。与此同时，有了信用卡、学生贷款、房屋按揭贷款、税收减免和分期付款帮忙，人人都能立即享用投资标的，而将买单推迟到未来——若非全部还清，则是一点一点地为他们仅仅部分拥有甚至永远都无法完全拥有的东西买单，使投资及其成果近乎沦为废墟。

投资的概念与规划未来的理念形成了呼应。从 1950 年代的弗兰科·莫迪利亚尼（Franco Modigliani）和理查德·布伦伯格（Richard Brumberg）到他们的后继者，经154 济学家已经从传统的生命历程出发，为储蓄、消费、投资中的理性和前瞻性建立了模型。由于预期我们成年后的工作收入会逐渐增加，而退休之后则不再增长，这些模型判断，我们会努力在年轻时积累教育和技能养成方面的资本，用成年后的工作收入逐渐巩固房产和养老金储备，退休后再将这些储备花在需要的东西上，从而维持乃至提升我们的生活水平。

后二战时代，发达地区的风险共担安排以及其他对于国民经济的监管举措一度为这种规划赋予了一些可信度。但当今时代工作收入和投资结果的不可预测性（或者说这两种困境分别显示出的脆弱性和波动性）使生命历程规划很难再站得住脚。然而，它在中产阶级意识形态的语境中依然发挥着支配作用，在这一语境中，人生的里程碑是通过投资方面的成就确立的。从教育、房产、职业和退休金，到婚姻和生儿育女，再到社会关系的建立和维护，莫不如是。这些投资被认为是中产阶级的入门仪式，也被认为是成人、家庭、社交和退休生活的标准特征。

投资带来了这样一种印象，那就是，我们的储蓄和通常依靠信贷、分期付款或保险扣缴*购买的有形（比如房子）或无形（比如学位）资产的价值已经妥善保存，随时可以按需提取。投资将它们摆在优先位置，而非其他我们能够设想的掌控人生的集体策略。它安排我们扮演有长远

* 指从工资中扣除、可在规定情形提取的部分，如中国的“五险一金”。——译者注

眼光的行为主体，这一角色暗示，我们是心甘情愿地将自己的资源存放在持久坚固的保管库中，或是把它们交给银155行以及其他负责使投资保值或升值的中介托管；而事实上，我们是别无选择地被索取了投资。当我们将自身理解为自主的投资者，我们就在不知不觉间和剩余积累的力量站在了同一边。只要我们的大部分收入仍来自价值未得到充分报酬的劳动，同时又对劳动和投资的贬值负有责任，我们就始终处在上述陷阱之中。

正如我们从关于中产阶级的衰落和萎缩的报道中看到了它的黄昏，我们也可以从以上矛盾中察觉到，中产阶级这一概念的支柱——投资已是日暮途穷。我们当中，有些人还在努力还房贷，而房价却已经跌破了我们为它支付的金额；有些人积累了人力资本，却无法从就业市场中得到回报。他们很自然地会问自己：为什么我们还要付出这么多的投资？保罗·威利斯（Paul Willis）在他的民族志研究中遇到过一个类似的问题，他研究的是教育如何推动了个体社会前途的再生产。[4]威利斯描述了英国工人阶级子弟在校期间的互动，他的结论是，虽然教育标榜自己能够拉平孩童的起跑线，这些工人阶级子弟的课外活动却注定了他们将继续居于次等的社会地位。他进而描述了被归为中产阶级学童的循规蹈矩，这些中产阶级学童在教育的正式目标上进行了投资，继而牺牲了部分自主权，支持学校一方。威利斯看到，这些孩子乃至成年后的他们更进一步地期望，学校、政府、法律和警察部门的官员将其职责范围外的规则同样纳入看管。

我们有理由相信，当制度从一些人手中索取了投资之后，能够守护其价值，使投资者有利可图时，它也将得到这些人的支持。正如我在这本书中解释的，私有财产、人力资本之类的制度是通过各种激励控制了私人资源，从而促进资本积累。这些激励被内化为私利，是因为他们往往能获得哪怕只是临时的、表现为相对优势的回报。可当人们的努力得不到回报，利益得不到满足甚至是受到损害的时候，我们又该如何解释他们的**过度**（*excessive*）投资和节制？威利斯笔下的教育问题很难说只是一个极端的个例。我们中有许多人宁可忍受回报不足、投资翻船的惩罚，甚至愈陷愈深，也不愿质疑我们已经付出的投资的价值。别忘了，启发我写这本书的谜团之一就是，中产阶级这一范畴代表了过于广泛的人口：视自己为中产阶级的人，远多于符合任何衡量中产阶级的常规标准的人，即便他们的投资并未带来预想中的利益。

156

如果说这一趋势显示了意识形态的力量，那么这股力量的源头更是非常深远，以至于精神分析之父西格蒙德・弗洛伊德（Sigmund Freud）将心理过剩（psychic excess）视为现代生活的痼疾。[5]他注意到，人们经常会沉湎于同自己实际犯下的错误不成比例的罪恶和羞耻感。批判理论家赫伯特・马尔库塞（Herbert Marcuse）认可这一诊断，但他声称，弗洛伊德找错了这种痼疾的源头。[6]心理过剩并非如弗洛伊德所说的那样，源于我们内心深处的欲望和文明社会的要求之间的普遍冲突，而是复制了特定历史下的社会经济过剩：工作、投资以及协调这两者的制度都受到一股压力，需要生产出高于他们所能获得的回报的价值。根据马尔库塞的说法，过剩（excess）不过是剩余（surplus）的同义词。它在我们的内心深处映射了资本主义式的积累强迫我们为维持生计、养家糊口和开拓财富而进行的过度投资。只要这种映射关系存在，我们就无法从过剩的痼疾中彻底解脱。

157

当我们过度投资，并且支持向我们索取投资的结构和制度时，我们本质上是在对压力和激励做出回应。而当我们在此过程中标榜投资驱动的自主意识，我们则是在将这种回应美化为自由选择。“中产阶级”所暗示的自主性是虚假的。无论我们多么努力地开辟自己的人生道路，协调我们的实践与人际关系的结构都是为了实现另一些目标，这些目标同满足我们的欲望、实现我们的梦想以及驱散我们的恐惧南辕北辙。他们既使我们在趋利避害的竞争中相互对立，也促成我们为保护投资价值而结成临时和工具性的同盟。资本主义所强加的竞争夺去了我们持续而有效地组织起来、参与超越这种竞争的运动的能力。

但矛盾带来的不只是挫折感。矛盾也使我们不为表象所惑，形成更清晰的思考，最终对矛盾所造成的张力加以利用，走向真正的变革。矛盾激发了我们的反思能力，而这种反思能力也将矛盾暴露得淋漓尽致。我们不是傻瓜，只会无脑地服从禁锢我们的结构所下的命令，全盘接受渗透于社会之中的意识形态。矛盾让那些按计划应当平稳开展的活动遭遇磕磕绊绊，从而促使我们带着批判意识评估我们的行动及其理由。自主性理想的幻灭提供了一个机会，来创造条件实现真正的自主。一旦成功改变社会结构和制度，使之更积极地回应我们的共同意志和权力，我们就能真正主宰自己的生活。我们可以反思、批评，可以集体行动，争取建立一个能够体现我们的意愿、增强我们的力量的社会，因为我们向来如此。

158

# 注释

## 导论

1 A. V. Banerjee and E. Duflo, “What Is the Middle Class About? The Middle Classes Around the World,” *MIT Discussion Papers*, December 2007; R. Burger, S. Kamp, C. Lee, S. van der Berg, and A. Zoch, “The Emergent Middle Class in Contemporary South Africa: Examining and Comparing Rival Approaches,” *Development South Africa*, 2015, 32(1), 24–40; D. Kalb, “Class,” in D. M. Nonini, ed., *A Companion to Urban Anthropology* (New York: Blackwell, 2014); C. L. Kerstenetzky, C. Uchôa, and N. do Valle Silva, “The Elusive New Middle Class in Brazil,” *Brazilian Political Science Review*, 2015, 9(3); H. Koo, “The Global Middle Class: How Is It Made, What Does It Represent?,” *Globalizations*, 2016, 13(3); H. Melber, ed., *The Rise of Africa's Middle Class: Myths, Realities, and Critical Engagements* (London: Zed Books, 2016); M. Nundee, *When Did We All Become Middle Class?* (London: Routledge, 2016); G. M. D. Dore, “Measuring the Elusive Middle Class and Estimating Its Role in Economic Development and Democracy,” *World Economics Journal*, 2017, 18(2), 107–22; G. Therborn, “Class in the Twenty-First Century,” *New Left Review*, 2012, 78 (November–December), 5–29. 以上全部文献对种种分类方法作了批判性的概括，而更自由主义、更乐观的用法则见于以

下研究：S. Drabble, S. Hoorens, D. Khodyakov, N. Ratzmann, and O. Yaqub, "The Rise of the Global Middle Class: Global Social Trends to 2030," *Rand Corporation, Thematic Report* 6, 2015；以及"IMF: Global Financial Stability Report: Market Developments and Issues," International Monetary Fund, September 2006。

2 比如，可参见in G. Amoranto, N. Chun and A. Deolaliker, "Who Are the Middle Class and What Values Do They Hold? Evidence from the World Values Survey," *Asian Development Bank Working Paper Series*, 2010, no. 229; C. Jaffrelot and P. van der Veer, eds., *Patterns of Middle Class Consumption in India and China* (London: Sage, 2012); M. Doepke and F. Zilibotti, "Social Class and the Spirit of Capitalism," *Journal of the European Economic Association*, 2005, 3(2–3), 516–24; S. Drabble, S. Hoorens, D. Khodyakov, N. Ratzmann and O. Yaqub, "The Rise of the Global Middle Class: Global Social Trends to 2030," *Rand Corporation, Thematic Report* 6, 2015; N. Eldaeva, O. Khakhlova, O. Lebedinskaya and E. Sibirskaya, "Statistical Evaluation of Middle Class in Russia," *Mediterranean Journal of Social Sciences*, 2015, 6(3), 125–34; S. D. Johnson and Y. Kandogan, "The Role of Economic and Political Freedom in the Emergence of Global Middle Class," *International Business Review*, 2016, 25(3), 711–25; C. L. Lufumpa and M. Ncube, *The Emerging Middle Class in Africa* (New York: Routledge, 2016)；以及你随手翻阅的任何流行杂志。一项失败的定义中产阶级的尝试总结称，中产阶级对民主、经济和社会至关重要，即便人们不可能定义它：T. Billitteri, "Middle Class Squeeze," *CQ Press*, 2009, 9–19。

3 其中一些问题见于"the Western middle classes" by L. Chauvel

and A. Hartung, "Malaise in the Western Middle Classes," *World Social Science Report 2016*, 164–69，以及一系列关于西方之外的中产阶级的讨论：Banerjee and Duflo, "What Is the Middle Class About? The Middle Classes Around the World"; R. Burger, M. Louw, B. B. I. de Oliveira Pegado and S. van der Berg, "Understanding Consumption Patterns of the Established and Emerging South African Black Middle Class," *Development South Africa 2015*, 32(1), 41–56; J. Chen, *A Middle Class without Democracy: Economic Growth and the Prospects of Democratization in China* (Oxford: Oxford University Press, 2013); S. Cohen, *Searching for a Different Future* (Durham: Duke University Press, 2004); A. Duarte, "The Short Life of the New Middle Class in Portugal," *International Research Journal of Arts and Social Science*, 2016, 3(2), 47–57; A. R. Embong, *State Led Mobilization and the New Middle Class in Malaysia* (London: Palgrave Macmillan, 2002); L. Fernandes, *India's New Middle Class* (Minneapolis: University of Minnesota Press, 2006); D. James, "'Deeper into a Hole?'" Borrowing and Lending in South Africa," *Current Anthropology* 55(S9), 17–29; D. James, *Money for Nothing: Indebtedness and Aspiration in South Africa* (Stanford: Stanford University Press, 2015); H. Koo, "The Global Middle Class: How Is It Made, What Does It Represent?"; M. MacLennan and B. J. Margalhaes, eds., "Poverty in Focus," *Bureau for Development Policy (UNDP)*, 2014, 26; H. Melber, *The Rise of Africa's Middle Class: Myths, Realities, and Critical Engagements*; J. Osburg, Anxious Wealth: *Money and Morality Among China's New Rich* (Stanford: Stanford University Press, 2013); B. P. Owensby, *Intimate Ironies: Modernity and the Making of Middle-Class Lives in Brazil* (Stanford: Stanford University Press, 1999); J. L. Rocca, *The Making of the Chinese Middle*

*Class: Small Comfort and Great Expectations*, The Sciences Po Series in International Relations and Political Economy 2017; M. Shakow, *Along the Bolivian Highway: Social Mobility and Political Culture in a New Middle Class* (Philadelphia: University of Pennsylvania Press, 2014); J. Sumich, "The Uncertainty of Prosperity: Dependence and the Politics of Middle-Class Privilege in Maputo," *Ethnos*, 2015, 80(1), 1–21; A. Sumner and F. B. Wietzke, "What Are the Political and Social Implications of the 'New Middle Classes' in Developing Countries?" *International Development Institute Working Paper 3*, 2014; M. van Wessel, "Talking about Consumption: How an Indian Middle Class Dissociates from Middle-Class Life," *Cultural Dynamics*, 2004, 16(1), 93–116; and C. Freeman, R. Heiman and M. Liechty, eds., *Charting an Anthropology of the Middle Classes* (Santa Fe: SAR Press, 2012)。

4 不过，人类学家们亦已揭示，当中产阶级这一范畴与族群、宗教和性别属性相关联时，其边界或更为清晰。比如可参见 X. Zang, "Socioeconomic Attainment, Cultural Tastes, and Ethnic Identity: Class Subjectivities among Uyghurs in Ürümchi," *Ethnic and Racial Studies*, 2016; Burger et al., "The Emergent Middle Class in Contemporary South Africa: Examining and Comparing Rival Approaches"; H. Donner, *Domestic Goddesses: Modernity, Globalisation, and Contemporary Middle-Class Identity in Urban India* (London: Routledge, 2008); C. Freeman, "The 'Reputation' of 'Neoliberalism,'" *American Ethnologist*, 2007, 34(2), 252–67; A. Maqsood, *The New Pakistani Middle Class* (Cambridge, Mass: Harvard University Press, 2017); C. Jones, "Women in the Middle: Femininity, Virtue, and Excess in Indonesian Discourses of Middle-Classness," in R. Heiman, C. Freeman and M. Liechty,

eds., *The Middle Classes: Theorizing through Ethnography* (Santa Fe: School for Advanced Research Press, 2012); 以及 A. Ricke, "Producing the Middle Class: Domestic Tourism, Ethnic Roots, and Class Routes in Brazil," *The Journal of Latin American and Caribbean Anthropology*, 2017。

5 J. Nocera, *A Piece of the Action: How the Middle Class Joined the Money Class* (New York: Simon and Schuster, 2013)。*

6 例如, M. J. Casey, *The Unfair Trade: How Our Broken Global Financial System Destroys the Middle Class* (New York: Crown Publishing, 2012); D. Fergus, *Land of the Fee: Hidden Costs and the Decline of the American Middle Class* (Oxford University Press, 2016); S. T. Fitzgerald and T. L. Kevin, *Middle Class Meltdown in America: Causes, Consequences and Remedies*, second edition (London: Routledge, 2014); R. P. Formisano, *Plutocracy in America: How Increasing Inequality Destroys the Middle Class and Exploits the Poor* (Baltimore: Johns Hopkins University Press, 2015); R. H. Frank, *Falling Behind: How Rising Inequality Harms the Middle Class* (Berkeley: University of California Press, 2007); P. T. Hoffman, G. PostelVinay and J. L. Rosenthal, *Surviving Large Losses: Financial Crises, the Middle Class, and the Development of Capital Markets* (London: Harvard University Press, 2007); D. Madland, *Hollowed Out: Why the Economy Doesn't Work without a Strong Middle Class* (Berkeley: University of California Press, 2015); N. Mooney, *Not Keeping Up with Our Parents: The Decline of the Professional*

---

* 这是一本关于美国金融产品的畅销书，副标题意为“中产阶级如何跻身有钱阶级”。——译者注

*Middle Class* (Boston: Beacon, 2008); K. Phillips, Boiling Point: *Republicans, Democrats, and the Decline of Middle-Class Prosperity* (New York: Random House, 1993); K. Porter, Broke: *How Debt Bankrupts the Middle Class* (Stanford: Stanford University Press, 2012); T. A. Sullivan, E. Warren and J. L. Westbrook, *The Fragile Middle Class: Americans in Debt* (New Haven: Yale University Press, 2000)。

7 例如，D. Kalb, *Expanding Class: Power and Politics in Industrial Communities, The Netherlands, 1850–1950* (Durham: Duke University Press, 1997); W. Lem, "Articulating Class in Post-Fordist France," *American Ethnologist*, 2002, 29(2), 287–306; M. Lamont, *Money, Morals, and Manners: The Culture of the French and American Upper-Middle Class* (Chicago: University of Chicago Press, 1992); M. Liechty, *Suitably Modern: Making Middle-Class Culture in a New Consumer Society* (Princeton: Princeton University Press, 2003); M. Liechty, "Middle-Class Déjà Vu," in C. Freeman, R. Heiman and M. Liechty, eds., *The Global Middle Classes* (Santa Fe: SAR Press, 2012); J. Patico, *Consumption and Social Change in a Post-Soviet Middle Class* (Washington: Woodrow Wilson Center Press, 2008); Sumich, "The Uncertainty of Prosperity: Dependence and the Politics of Middle-Class Privilege in Maputo"; A. Truitt, "Banking on the Middle Class in Ho Chi Minh City," in M. Van Nguyen, D. Bélanger and L. B. Welch Drummond, eds., *The Reinvention of Distinction: Modernity and the Middle Class in Urban Vietnam* (New York: Springer, 2012); M. Saavala, *Middle-Class Moralities: Everyday Struggle over Belonging and Prestige in India* (New Delhi: Orient Blackswan, 2012); Maqsood, *The New Pakistani Middle Class*；以及大量案例研究，收录于 Freeman, Hei-

man and Liechty, *Charting an Anthropology of the Middle Classes*; H. Li and L. L. Marsh, eds., *The Middle Class in Emerging Societies: Consumers, Lifestyles and Markets* (London: Routledge, 2016); H. Melber, ed., *The Rise of Africa's Middle Class: Myths, Realities, and Critical Engagements* (London: Zed Books, 2016). H. Donner, "The Anthropology of the Middle Class Across the Globe," *Anthropology of this Century*, 2017, 18，对这些文献作了综述。关于反对定义、界定中产阶级的观点，另见 L. Wacquant, "Making Class: The Middle Class(es) in Social Theory and Social Structure," in R. F. Levine, R. Fantasia and S. McNall, eds., *Bringing Class Back In* (Boulder: Westview Press, 1991)；对此，一种反驳来自 D. Kalb, "Class," in D. M. Nonini, ed., *A Companion to Urban Anthropology* (New York: Blackwell, 2014), and D. Kalb, "Introduction: Class and the New Anthropological Holism," in J. G. Carrier and D. Kalb, eds., *Anthropologies of Class: Power, Practice and Inequality* (Cambridge: Cambridge University Press, 2015)。

## 第 1 章　当我们谈论中产阶级时我们在谈论什么

1　B. Ehrenreich, *Fear of Falling: The Inner Life of the Middle Class* (New York: Pantheon Books, 1989).

2　L. Boltanski and E. Chiapello, *The New Spirit of Capitalism* (London: Verso, 2007); M. Savage, *Class Analysis and Social Transformation* (Philadelphia: Open University Press, 2000); S. Žižek, *The Ticklish Subject: The Absent Center of Political Ontology* (London: Verso, 2000).

3 人类学家凯瑟琳·达德利（Kathryn Dudley）研究了美国失去土地的农民和失去工作的汽车工人，她发现，尽管种种客观条件造成了他们的不如意，身处物质窘境的他们仍坚信自己属于中产阶级，能够主宰个人命运。参见：K. M. Dudley, *End of the Line: Lost Jobs, New Lives in Postindustrial America* (Chicago: University of Chicago Press, 1994); and K. M. Dudley, *Debt and Dispossession: Farm Loss in America's Heartland* (Chicago: University of Chicago Press, 2000)。

4 D. McCloskey, *The Bourgeois Virtues: Ethics for an Age of Commerce* (Chicago: University of Chicago Press, 2006); D. McCloskey, *The Bourgeois Era: Why Economics Can't Explain the Modern World* (Chicago: University of Chicago Press, 2010); 以及 D. McCloskey, *Bourgeois Equality: How Ideas, Not Capital or Institutions, Enriched the World* (Chicago: University of Chicago Press, 2016)。

5 F. Moretti, *The Bourgeois: Between History and Literature* (London: Verso, 2013)。

6 在以下对于资本主义的描述中，我借用了 K. Marx, *Capital, Vol 1.*, trans. B. Fowkes (London: Penguin, 1990); 以及他的评论者和承继者中我认为最有帮助的一部分：S. Clarke, *Marx's Theory of Crisis* (London: McMillan, 1994); D. Harvey, *Limits to Capital* (London: Verso, 2006); M. Heinrich, *An Introduction to the Three Volumes of Karl Marx's Capital*, trans. A. Locascio (New York: Monthly Review Press, 2004); 以及 M. Postone, *Time, Labor, and Social Domination: A Reinterpretation of Marx's Critical Theory* (Cambridge: Cambridge University Press, 1993)。

7 G. Carchedi, "On the Economic Identification of the New Middle Class," *Economy and Society*, 1975, 4(1); E. O. Wright, Classes (London: Verso, 1985).

8 D. Bryan and M. Rafferty, *Capitalism with Derivatives: A Political Economy of Financial Derivatives, Capital and Class* (New York: Palgrave MacMillan, 2006); D. Bryan and M. Rafferty, "Reframing Austerity: Financial Morality, Saving and Securitization," *Journal of Cultural Economy*, 2017, 10(4), 339–55; B. Lee and E. LiPuma, *Financial Derivatives and the Globalization of Risk* (Durham: Duke University Press, 2004).

9 R. Martin, *The Financialization of Daily Life* (Philadelphia: Temple University Press, 2012); S. Soederberg, "Cannibalistic Capitalism: The Paradoxes of Neoliberal Pension Securitization," *Socialist Register*, 2010, 47; D. Sotiropoulos, J. Milios and S. Lapatsioras, *A Political Economy of Contemporary Capitalism and Its Crisis: Demystifying Finance* (New York: Routledge, 2013).

10 B. Milanovic, *Global Inequality: A New Approach for the Age of Globalization* (Cambridge, MA: Harvard University Press, 2016).

11 D. Graeber, "Anthropology and the Rise of the Professional Managerial Class," *HAU: Journal of Ethnographic Theory*, 2014, 4(3), 73–88.

## 第 2 章　财产的审慎魅力

1 C. Freeman, R. Heiman and M. Liechty, eds., *Charting an Anthro-*

*pology of the Middle Classes* (Santa Fe: SAR Press, 2012), 20.

2 J. Morduch and R. Schneider, *The Financial Diaries: How Americans Cope in a World of Uncertainty* (Princeton: Princeton University Press, 2017).

3 D. Wahrman, *Imagining the Middle Class: The Political Representation of Class in Britain 1780–1840* (Cambridge: Cambridge University Press,1995).

4 E. J. Hobsbawm, *The Age of Capital 1848–1874* (London: Abacus, 1977); E. J. Hobsbawm, *The Age of Empire 1875–1914* (New York: Vintage Books, 1989); and E. J. Hobsbawm, *The Age of Extremes: The Short Twentieth Century 1914–1991* (London: Abacus, 1995).

5 R. J. Morris, *Men, Women, and Property in England, 1780–1870: A Social History of Family Strategies amongst the Leeds Middle Class* (Cambridge: Cambridge University Press, 2005).

6 I. Wallerstein, "Class Conflict in the Capitalist World Economy," in E. Balibar and I. Wallerstein, eds., *Race, Nation, Class: Ambiguous Identities* (London: Verso, 1991), 115–24.

7 L. Davidoff and C. Hall, *Family Fortunes: Men and Women of the English Middle Class 1780–1850* (London: Hutchinson, 1987).

8 F. Boldizzoni, *Means and Ends: The Idea of Capital in the West, 1500–1970* (New York: Palgrave Macmillan, 2008).

9 R. Goffee and R. Scase, *The Entrepreneurial Middle Class* (London: Croom Helm, 1982).

10 I. Wallerstein, "The Bourgeois(ie) as Concept and Reality," *New Left Review*, 1988, 167 (January–February), 91–106.

11 F. H. Knight, Risk, *Uncertainty, and Profit* (Boston, MA, 1921; Online Library of Liberty, 2018).

12 为简单起见，我将“风险”和“不确定性”作为可相互替代的概念使用；不过，奈特对两者做了著名的区分：不同于“不确定性”，“风险”指向的是发生几率可测量的未来事件。

13 Knight, *Risk, Uncertainty, and Profit*, 190.

14 D. Becher, *Private Property and Public Power: Eminent Domain in Philadelphia* (New York: Oxford University Press, 2014).

15 R. Heiman, *Driving After Class: Anxious Times in an American Suburb* (Oakland: University of California Press, 2015)。描述了美国中产阶级郊区的种种“守门”行为。R. W. Woldoff, L. M. Morrison and M. R. Glass, *Priced Out: Stuyvesant Town and the Loss of Middle-Class Neighborhoods* (New York: New York University Press, 2016)，描述了曼哈顿一个居民区付公定租金的租客、付市场价的租客和新业主们为了获得安全感所做的艰苦努力，以及这如何加快了中产阶级所受的压榨。

16 A. B. Sorenson, in "Toward a Sounder Basis for Class Analysis," *American Journal of Sociology*, 2000, 105(6), 1523–58, 此文提出，

阶级行动只不过是在寻租。他的观点引起了热议，因为它假定了社会是扁平的，人人享有平等地位去为租金竞争，从而在事实上复述了一种中产阶级意识形态。B. Skeggs, *Class, Self, Culture* (London: Routledge, 2004)。遍览了这些争论，并加入了她自己的尖锐批评。

17 H. Schwartz, "The Really Big Trade-Off Revisited: Why Balance Sheets Matter," invited talk, Central European University, May 11, 2015.

18 S. Mau, Inequality, *Marketization and the Majority Class* (London: Palgrave Macmillan, 2015).

19 G. Peebles, *The Euro and Its Rivals: Currency and the Construction of a Transnational City* (Bloomington: Indiana University Press, 2011).

20 A. Nyqvist, *Reform and Responsibility in the Remaking of the Swedish National Pension System: Opening the Orange Envelope* (New York: Palgrave Macmillan, 2016). 以色列的公共养老金体系自由化后，我在该国开展的民族志研究发现了类似的情绪和与之相伴随的消费主义式的反应：H. Weiss, "Financialization and Its Discontents: Israelis Negotiating Pensions," *American Anthropologist*, 2015, 117(3), 506–18。

21 "Die glücklichen Alten," *Der Spiegel*, March 1, 2017; "Generation glücklich," *Frankfurter Allgemeine Zeitung*, March 1, 2017.

22 我在其他地方呈现和分析了这些访谈 (H. Weiss, "Lifecycle Planning and Responsibility: Prospection and Retrospection in Germany," *Ethnos* 2018)。

23 R. H. Frank, *Falling Behind: How Rising Inequality Harms the Middle Class* (Berkeley: University of California Press, 2007), 43.

24 P. Bourdieu, *Distinction: A Social Critique of the Judgment of Taste*, trans. R. Nice (Harvard University Press, 1984); R. Burger, M. Louw, B. B. I. de Oliveira Pegado and S. van der Berg, "Understanding Consumption Patterns of the Established and Emerging South African Black Middle Class," *Development South Africa*, 2015, 32(1), 41–56.

25 R. Heiman, *Driving After Class: Anxious Times in an American Suburb.*

26 T. Piketty, *Capital in the Twenty-First Century*, trans. A. Goldhammer (Cambridge, MA: Belknap Press, 2014).

27 他带有误导性地使用了"资本"一词，而实际举出的例子则是关于种种物质与非物质形式的财产。

28 J. Hacker, *The Great Risk Shift* (Oxford: Oxford University Press, 2008).

29 A. Harmes, "Mass Investment Culture," *New Left Review*, 2001, 9 (May–June), 103–24; P. Langley, "Financialization and the Consumer Credit Boom," *Competition and Change*, 2008, 12(2), 133–47.

30 R. Martin, "From the Critique of Political Economy to the Critique of Finance," in B. Lee and R. Martin, eds., *Derivatives and the*

*Wealth of Societies* (Chicago: University of Chicago Press, 2016).

31 L. Zhang, "Private Homes, Distinct Lifestyles: Performing a New Middle Class," in A. Ong and L. Zhang, eds., *Privatizing China* (Ithaca: Cornell University Press, 2008); and L. Zhang, *In Search of Paradise: Middle Class Living in a Chinese Metropolis* (Ithaca: Cornell University Press, 2010).
J. L. Rocca, "The Making of the Chinese Middle Class: Small Comfort and Great Expectations," *The Sciences Po Series in International Relations and Political Economy*, 2017。这篇论文认为，消费主义策略是中国中产阶级理想化的社会想象的一部分。

32 L. Chumley and J. Wang, "'If You Don't Care for Your Money, It Won't Care for You': Chronotypes of Risk and Return in Chinese Wealth Management," in R. Cassidy, A. Pisac and C. Loussouarn, eds., *Qualitative Research on Gambling: Exploiting the Production and Consumption of Risk* (London: Routledge, 2013).

33 K. Verdery, *What Was Socialism, and What Comes Next?* (Princeton: Princeton University Press, 1996); K. Verdery, *The Vanishing Hectare: Property and Value in Postsocialist Transylvania* (Ithaca: Cornell University Press, 2003).

## 第3章 太人性的

1 H. J. Gans, *The Levittowners: Ways of Life and Politics in a New Suburban Community* (New York: Columbia University Press, 1982 [1967]), xvi.

2 我的田野调查是关于犹太人定居点内部细腻的动态情况，与约旦河西岸地区巴勒斯坦人内部的情况只存在间接的关联。我在讨论以巴冲突的著作中讨论了这一联系，下文则与此无关。

3 H. Weiss, "Volatile Investments and Unruly Youth in a West Bank Settlement," *Journal of Youth Studies*, 2010, 13(1), 17–33; H. Weiss, "Immigration and West Bank Settlement Normalization," *Political and Legal Anthropology Review* (PoLAR), 2011, 34(1), 112–30; H. Weiss, "On Value and Values in a West Bank Settlement," *American Ethnologist*, 2011, 38(1), 34–45; H. Weiss, "Embedded Politics in a West Bank Settlement," in M. Allegra, A. Handel and E. Maggor, eds., *Normalizing Occupation: The Politics of Everyday Life in the West Bank Settlements* (Bloomington: Indiana University Press, 2017).

4 M. P. Ryan, *Cradle of the Middle Class: The Family in Oneida County*, New York, 1790–1865 (Cambridge: Cambridge University Press, 1981); L. James, *The Middle Class: A History* (London: Little, Brown, 2006), 4.

5 例如参见 D. G. Goodman and R. Robinson, *The New Rich in Asia* (New York and London: Routledge, 1996); L. Boltanski, *The Making of a Class: Cadres in French Society*, trans. A. Goldhammer (Cambridge: Cambridge University Press, 1987); A. Ben-Porat, *The Bourgeoisie: A History of the Israeli Bourgeoisies* (Jerusalem: Magness Press, 1999); P. Heller and A. K. Selzer, "The Spatial Dynamics of Middle-Class Formation in Postapartheid South Africa," *Political Power and Social Theory*, 2010, 21, 147–84; L.

Fernandes, *India's New Middle Class* (Minneapolis: University of Minnesota Press, 2006); M. O'Dougherty, *Consumption Intensified: The Politics of Middle-Class Life in Brazil* (Durham: Duke University Press, 2002); T. Bhattacharya, *The Sentinels of Culture: Class, Education, and the Colonial Intellectual in Bengal* (Oxford: Oxford University Press, 2005); H. J. Rutz and E. M. Balkan, *Reproducing Class: Education, Neoliberalism, and the Rise of the New Middle Class in Istanbul* (Oxford: Berghahn, 2009)。

6 P. Bourdieu, *Outline of a Theory of Practice*, trans. R. Nice (Cambridge: Cambridge University Press, 1977); P. Bourdieu, *Distinction: A Social Critique of the Judgment of Taste*, trans. R. Nice (Harvard University Press 1984); P. Bourdieu, *Practical Reason: On the Theory of Social Action* (Stanford: Stanford University Press, 1998), and elsewhere.

7 M. Postone, *Time, Labor, and Social Domination: A Reinterpretation of Marx's Critical Theory* (Cambridge: Cambridge University Press, 1993).

8 H. Rosa, Social Acceleration: *A New Theory of Modernity*, trans. J. Trejo-Mathys (New York: Columbia University Press, 2013), 117.

9 R. Collins, *The Credential Society: An Historical Sociology of Education and Stratification* (New York: Academic Press, 1979). 在非西方社会中，与教育水平相匹配的工作至少是一样的紧俏稀缺，例如，S. Schielke, *Egypt in the Future Tense: Hope, Frustration and Ambivalence before and after 2011* (Bloomington: Indiana University Press, 2015); 以及 C. Jeffrey, *Timepass: Youth, Class,*

*and the Politics of Waiting in India* (Stanford: Stanford University Press, 2010)。

10 Mau, *Inequality, Marketization and the Majority Class*; M. Savage, *Class Analysis and Social Transformation* (Philadelphia: Open University Press, 2000); G. Standing, *The Precariat: The New Dangerous Class* (London: Bloomsbury, 2011).

11 T. Adorno and M. Horkheimer, *Dialectic of Enlightenment*, trans. E. Jephcott (Stanford: Stanford University Press, 2002), 131.

12 例如，R. Bly, *The Sibling Society: An Impassioned Call for the Rediscovery of Adulthood* (New York: Vintage Books, 1997); and G. Cross, *Men to Boys: The Making of Modern Immaturity* (New York: Columbia University Press, 2008)。

13 R. Kern and R. Peterson, "Changing Highbrow Taste: From Snob to Omnivore," *American Sociological Review*, 1996, 61(5), 900–7. 这一困境是全球性的。例如，人类学家们描述了，尼泊尔人如何为争夺社会地位展开了无人最终获益的消费主义竞争 (M. Liechty, *Suitably Modern: Making Middle-Class Culture in a New Consumer Society* [Princeton: Princeton University Press, 2003])，以及中国财富新贵们对于自我实现的追求，如何与他们对于商业网络和社会认可的依赖相冲突 (J. Osburg, *Anxious Wealth: Money and Morality Among China's New Rich* [Stanford: Stanford University Press, 2013])。

14 M. Feher, "Self-Appreciation; or, The Aspirations of Human Capital," trans. Ivan Ascher, *Public Culture*, 2009, 21(1), 21–41.

15 例如，S. Bowels and H. Gintis, “The Problem with Human Capital—a Marxian Critique,” *The American Economic Review* 1975, 2, 74–82; W. Brown, *Undoing the Demos: Neoliberalism's Stealth Revolution* (New York: Zone Books, 2015); B. Fine, *Social Capital Versus Social Theory: Political Economy at the Turn of the Millennium* (London: Routledge, 2001); 以及 D. Harvey, *Seventeen Contradictions and the End of Capitalism* (New York: Oxford University Press, 2014)。

16 M. Joseph, *Against the Romance of Community* (Minneapolis: University of Minnesota Press, 2002) 认为，社区是在其成员投资人力资本、运用其资源争取扩大优势的过程中形成的。R. Yeh, *Passing: Two Publics in a Mexican Border City* (Chicago: University of Chicago Press, 2017) 展现了在蒂华纳，由犯罪、贫困所定义的“他们”被发明出来，支撑了中产阶级关于“我们”的认同。

17 如参见 C. Freeman, *Entrepreneurial Selves: Neoliberal Respectability and the Making of a Caribbean Middle Class* (Durham: Duke University Press, 2014); F. K. Errington and D. B. Gewertz, *Emerging Middle Class in Papua New Guinea: The Telling of Difference* (Cambridge: Cambridge University Press, 1999); H. Donner, *Domestic Goddesses: Modernity, Globalisation, and Contemporary Middle-Class Identity in Urban India* (London: Routledge, 2008); H. Donner, “‘Making Middle-Class Families in Calcutta,” in J. G. Carrier and D. Kalb, eds., *Anthropologies of Class: Power, Practice, and Inequality* (Cambridge: Cambridge University Press, 2015); D. Sancho, *Youth, Class and Education in India: The Year that Can Make or Break You* (London: Routledge, 2015); A. R. Embong,

*State Led Mobilization and the New Middle Class in Malaysia* (London: Palgrave Macmillan, 2002); D. James, *Money for Nothing: Indebtedness and Aspiration in South Africa* (Stanford: Stanford University Press, 2015); 以及 C. Katz, “Just Managing: American Middle-Class Parenthood in Insecure Times,” in C. Freeman, R. Heiman and M. Liechty, eds., *The Global Middle Classes* (Santa Fe: SAR Press, 2002)。

18 E. Ochs and T. Kremer-Sadlik, eds., *The Fast-Forward Family: Home, Work and Relationships in Middle-Class America* (Berkeley: University of California Press, 2013).

19 C. N. Darrah, J. M. Freeman and J.A. English-Lueck, *Busier than Ever! Why American Families Can't Slow Down* (Stanford: Stanford University Press, 2007).

20 J. F. Collier, *From Duty to Desire: Remaking Families in a Spanish Village* (Princeton, N.J.: Princeton University Press, 1997).

21 L. Flynn and H. Schwartz, “No Exit: Social Reproduction in an Era of Rising Income Inequality,” *Politics and Society*, 2017, 1–33; N. Oelkers, “The Redistribution of Responsibility between State and Parents: Family in the Context of Post-Welfare-State Transformation,” in S. Andersen and M. Richter, eds., *The Politicization of Parenthood* (Dordrecht: Springer, 2012); A. Roberts, “Remapping Gender in the New Global Order,” *Feminist Economics*, 2009, 15(4), 168–72.

22 M. Cooper, *Family Values: Between Neoliberalism and the New So-*

*cial Conservatism* (New York: Zone Books, 2017).

23 K. Z. Harari, "Hachamtsan hasodi shel ma'amad habeyna'im: yesh lanu cheshbon im hahorim," *Calcalist* July 27, 2013.

24 我关注了《新消息报》(*Yedioth Ahronoth*)日报及其网站 ynet.co.il 于 2012 年至 2016 年刊发的"Mishpacha Betsmicha"系列报道、2008 年至 2012 年播出的六季黄金时段电视节目"Mishpacha Choreget"、2015 年推出的另一档黄金时段电视节目"Chayim Chadashim"以及以色列主要新闻源网站上的一些咨询专栏。

25 Jeffrey, *Timepass: Youth, Class, and the Politics of Waiting in India*; M. Doepke and F. Zilibotti, "Social Class and the Spirit of Capitalism," *Journal of the European Economic Association*, 2005, 3(2–3), 516–24; S. Schielke, *Egypt in the Future Tense: Hope, Frustration and Ambivalence before and after 2011* (Bloomington: Indiana University Press, 2015); S. Jansen, *Yearnings in the Meantime: "Normal Lives" and the State in a Sarajevo Apartment Complex* (New York: Berghahn, 2015); 其他人类学家也将全球中产阶级和"等待一个更好的未来"相关联。

## 第 4 章　再见，价值观；别了，政治

1 例如 G. Amoranto, N. Chun and A. Deolaliker, "Who Are the Middle Class and What Values Do They Hold? Evidence from the World Values Survey," *Asian Development Bank Working Paper Series*, 2010, no. 229。

2 F. Fukuyama, "The Middle Class Revolution," *Wall Street Journal*, June 28, 2013; F. Fukuyama, *Political Order and Political Decay: From the Industrial Revolution to the Globalization of Democracy* (New York: Farrar, Straus and Giroux, 2014).

3 关于催生"阿拉伯之春"的不满情绪，一种类似的分析参见 S. Devarajan and E. Ianchovichina, "A Broken Social Contract, Not High Inequality, Led to the Arab Spring," *Review of Income and Wealth*, 2017。

4 A. Sumner and F. B. Wietzke, "What Are the Political and Social Implications of the 'New Middle Classes' in Developing Countries?" *International Development Institute Working Paper*, 2014, 3; 以及 "The Developing World's 'New Middle Classes': Implication for Political Research," *Perspectives in Politics*, 2018, 16(1), 127–40. 关于这些动态所牵涉的政治情绪，一些民族志描述参见：A. Bayat, "Plebeians of the Arab Spring," *Current Anthropology*, 2015, 56 (Suppl. 11): S33–S43 讨论了，埃及的中产阶级抗议者要求获得资源，却对自治避而不谈；K. Fehervary, *Politics in Color and Concrete: Socialist Materialities and the Middle Class in Hungary* (Bloomington: Indiana University Press, 2013) 讨论了，匈牙利中产阶级对正常状态的追求被用于为政治和经济政策背书；L. Giesbert and S. Schotte, "Africa's New Middle Class: Fact and Fiction of its Transformative Power," *Social Science Open Access Repository* 2016 讨论了，非洲上层中产阶级的政治冷感加剧了下层中产阶级的挫败感；M. O'Dougherty, *Consumption Intensified: The Politics of Middle-Class Life in Brazil* (Durham: Duke University Press, 2002) 讨论了在巴西凌驾于中产阶级联盟之上的消费主义欲求；A. Wedeman, "Not in My

Backyard: Middle Class Protests in Contemporary China," in L. L. Marsh and L. Hongmei, eds., *The Middle Class in Emerging Societies: Consumers, Lifestyles and Markets* (London: Routledge, 2016) 讨论了中国中产阶级聚焦于不涉及政治的"邻避"议题的抗议活动；T. Trevisiani, "The Reshaping of Cities and Citizens in Uzbekistan: The Case of Namangan's '"New Uzbeks,"' in M. Reeves, J. Rasanayagam and J. Beyer, eds., *Ethnographies of the State in Central Asia: Performing Politics* (Bloomington: Indiana University Press, 2014) 讨论了新兴的乌兹别克中产阶级无关政治、随波逐流的心态；以及 S. A. Tobin, "Jordan's Arab Spring: The Middle Class and Anti-Revolution," *Middle-East Policy*, 2012, 19(1), 96–109 讨论了约旦中产阶级对革命的反对情绪。

5 M. Weber, "Politics as Vocation," in D. Owen and T. B. Strong, eds., *The Vocational Lectures* (Indianapolis: Hacket, 2004).

6 M. Horkheimer, "Egoism and Freedom Movements: On the Anthropology of the Bourgeois Era," in M. Horkheimer, *Between Philosophy and Social Science*, trans. H. G. Fredrick, M. S. Kramer and J. Torpey (Cambridge: MIT Press, 1993 [1936]).

7 M. Horkheimer, "Egoism and Freedom Movements: On the Anthropology of the Bourgeois Era," 51.

8 G. Marshall, "A Dictionary of Sociology"; S. Mau, *Inequality, Marketization and the Majority Class* (London: Palgrave Macmillan, 2015).

9 L. B. Glickman, *A Living Wage: American Workers and the Making*

*of Consumer Society* (Ithaca: Cornell University Press, 1997).

10 R. Blackburn, *Age Shock: How Finance Is Failing Us* (London: Verso, 2006); G. Clark, *Pension Fund Capitalism* (New York: Oxford University Press, 2000); A. Glyn, *Capitalism Unleashed: Finance, Globalization, and Welfare* (New York: Oxford University Press, 2006); R. Pollin, "Resurrection of the Rentier," *New Left Review*, 2007, 46 (July–August), 140–53; J. Quadagno, *The Transformation of Old Age Security: Class and Politics in the American Welfare State* (Chicago: University of Chicago Press, 1988).

11 J. Collins, "Walmart, American Consumer-Citizenship, and the Erasure of Class," in J. G. Carrier and D. Kalb, eds., *Anthropologies of Class: Power, Practice, and Inequality* (Cambridge: Cambridge University Press, 2015).

12 J. Hickel, "Liberalism and the Politics of Occupy Wall Street," *Anthropology of this Century*, 2012, 4; M. Nunlee, *When Did We All Become Middle Class?* (London: Routledge, 2016) 追溯了在美国发生的从利益集团政治下的广泛社会经济关切向"优绩主义下，人人都是中产阶级"的观念转变的历程。

13 J. Robbins, "On the Pleasures and Dangers of Culpability," *Critique of Anthropology*, 2014, 30(1), 122–8.

14 R. Bellah, R. Madsen, W. Sullivan, A. Swidler and S. Tipton, *Habits of the Heart: Individualism and Commitment in American Life* (Berkeley: University of California Press, 1985); R. Putnam, *Bowling Alone: The Collapse and Revival of American Communi-*

*ty* (New York: Simon and Schuster, 2000); R. Wuthnow, *Acts of Compassion: Caring for Others and Helping Ourselves* (Princeton: Princeton University Press, 1991).

15 L. Goldmann, *The Philosophy of the Enlightenment*, trans. H. Maas (London: Routledge, 1973); R. Williams, *Keywords* (London: Fontana, 1976).

16 J. Robbins, "Between Reproduction and Freedom: Morality, Value, and Radical Cultural Change," *Ethnos*, 2007, 72(3), 293–314.

17 F. Nietzsche, "On the Genealogy of Morals," in W. Kaufman, ed., *Basic Writings of Nietzsche* (New York: The Modern Library, 1992 [1887]), 482.

18 N. Eliasoph, *Avoiding Politics: How Americans Produce Apathy in Everyday Life* (Cambridge: Cambridge University Press, 1998).

19 这与我在以色列开展的志愿者研究相印证。这些志愿者的活动有赖于资金支持，以及一个可以用来竞标合同、筹集预算和吸引免费劳动力的客户。成功的关键在于缩小运营规模，专注于弥补社会供应的不足，并将其作为他们的独特贡献来宣传。他们在一个贫者仰赖富者恩惠的社会中寻找机会行善，以回应人们未能由政府满足的迫切需求：H. Weiss, "Gift and Value in Jerusalem's Third Sector," *American Anthropologist*, 2011, 113(4), 594–605。

20 W. Plumpe, *German Economic and Business History in the Nineteenth and Twentieth Century* (New York: Palgrave Macmillan, 2016).

21 德国社会民主党成员彼得·格罗茨（Peter Glotz）在其1984年出版的著述《增负的工作》（*Die Arbeit der Zuspitzung*）中首次使用了这一概念。

22 H. Siegrist, "From Divergence to Convergence: The Divided German Middle Class, 1945–2000," in O. Zunz, L. Schoppa and N. Hiwatari, eds., *Social Contracts under Stress: The Middle Classes of America, Europe and Japan at the Turn of the Century* (New York: Russell Sage Foundation, 2002).

23 D. R. Holmes, *Economy of Words: Communicative Imperatives in Central Banks* (Chicago: University of Chicago Press, 2014), 65.

24 E. T. Fischer, *The Good Life: Aspiration, Dignity, and the Anthropology of Wellbeing* (Stanford: Stanford University Press, 2014).

25 同样，在德国一些中产阶级家庭的迁入助推了街区的士绅化，这一住房选择的背后一方面是他们对于社会可持续性、正义和凝聚力所表达的关切，另一方面却也有因应城市就业、育儿"客观环境"的实用主义考量；参见 S. Frank and S. Weck, "Being Good Parents or Being Good Citizens," *International Journal of Urban and Regional Research* 2018, 42(1), 20–35。

26 Z. Rosenhek and M. Shalev, "The Political Economy of Israel's 'Social Justice' Protests: A Class and Generational Analysis," *Contemporary Social Science*, 2014, 9(1), 31–48.

27 这里不包括犹太教极端正统派和巴勒斯坦裔公民，对于同样的资源，他们大多无法参与争夺；也不包括最贫困的人口，他们缺乏投资和社会流动所需的基本资源。

28 M. Horkheimer, "Egoism and Freedom Movements: On the Anthropology of the Bourgeois Era," 57.

## 结论

1 G. Lukács, "Reification and the Consciousness of the Proletariat," in *History and Class Consciousness*, 83–222, trans. R. Livingstone (Cambridge, MA: MIT Press, 2002 [1923]).

2 G. Lukács, "Reification and the Consciousness of the Proletariat," 163–64.

3 "投资"这一理念在中产阶级意识形态中占据着如此中心的地位，以至于在贫穷国家或是富裕国家的边缘地带识别非中产阶级人口的最重要途径之一就是观察他们与"投资"之间的距离。多位人类学家，如 Richard Wilk, "Consumer Culture and Extractive Industry on the Margins of the World System," in J. Brewer and F. Trentmann, eds., *Consumer Cultures: Global Perspectives* (Oxford: Berg, 2006); Richard Wilk, "The Extractive Economy: An Early Phase of the Globalization of Diet, and Its Environmental Consequences," in A. Hornborg, J. McNeil and J. Martinez-Alier, eds., *Rethinking Environmental History: World System History and Global Environmental Change* (Lanham, MD: AltaMira Press, 2007); 以及多位对 S. Day, E. Papataxiarchis and M. Stewart, eds., *Lilies of the Field* (Boulder, CO: Westview Press, 1999) 文集有贡献的作者，都讨论了日结工人、吉卜赛人、性

工作者、流浪者等群体并未为将来储备物资，而是及时行乐、活在当下的现象；不过，我们亦可参考：J. Guyer, “Further: A Rejoinder,” *American Ethnologist*, 2007, 34(3), 449，这篇文章反驳了认为以上现象带有阶级烙印的观点。

4 P. Willis, *Learning to Labour* (Burlington VT: Ashgate, 2012).

5 S. Freud, *Civilization and Its Discontents* (New York: W. W. Norton & Company, 1989).

6 H. Marcuse, *Eros and Civilization: A Philosophical Inquiry into Freud* (Boston, MA: Beacon Press, 1974).

# 索引

**图书在版编目（CIP）数据**

我们从未中产过 / (以) 豪道斯 · 魏斯著 ; 蔡一能译
. -- 上海 : 上海文艺出版社, 2024（2024.4重印）
(艺文志. 社会)
ISBN 978-7-5321-8816-1
Ⅰ.①我… Ⅱ.①豪… ②蔡… Ⅲ.①人类学－研究
Ⅳ.①Q98
中国国家版本馆CIP数据核字(2023)第141084号

First published by Verso 2019



著作权合同登记图字：09-2023-0400

发 行 人：毕　胜
责任编辑：肖海鸥　高远致
封面设计：周安迪
内文制作：常　亭

书　　名：我们从未中产过
作　　者：[以] 豪道斯 · 魏斯
译　　者：蔡一能
出　　版：上海世纪出版集团　上海文艺出版社
地　　址：上海市闵行区号景路159弄A座2楼 201101
发　　行：上海文艺出版社发行中心
上海市闵行区号景路159弄A座2楼206室 201101 www.ewen.co
印　　刷：苏州市越洋印刷有限公司
开　　本：1092×850 1/32
印　　张：7.375
插　　页：2
字　　数：122,000
印　　次：2024年1月第1版 2024年4月第2次印刷
I S B N：978-7-5321-8816-1/C.100
定　　价：52.00元
告 读 者：如发现本书有质量问题请与印刷厂质量科联系 T: 0512-68180628